LES MÉTAMORPHOSES

DE LA MATIÈRE

In-8° 1re Série

Le grand Geyser (Islande)

La Science populaire simplifiée

LES
MÉTAMORPHOSES

DE

LA MATIÈRE

Par Emile CAMPAGNE

LIMOGES

Marc BARBOU et Cie, Imprimeurs-Libraires

Rue Puy-Vieille-Monnaie

1884

LES MÉTAMORPHOSES

DE LA MATIÈRE

I

LA ROUE MYSTÉRIEUSE

De toutes les modifications dont la matière est susceptible, la plus noble sans doute est l'organisation. Le corps d'un animal est un système particulier plus ou moins composé qui, comme le grand système de l'univers, résulte de la combinaison et de l'enchaînement d'une multitude de pièces, dont chacune produit son effet propre, et qui conspirent toutes à produire un effet général que nous nommons *la vie*, le mouvement; c'est une sorte de *roue mystérieuse* qui tourne toujours, transformant de mille manières la matière inanimée aussi bien que les êtres vivants.

On ne suffit point à considérer et à admirer cet étonnant appareil de ressorts, de leviers, de contre-poids, de tuyaux différents, qui entrent dans la construction des machines organiques. L'intérieur de l'insecte le plus vil en apparence, absorbe toutes les pensées du plus profond anatomiste : il se perd dans ce dédale dès qu'il entreprend d'en parcourir tous les détours.

D'une graine, nous voyons sortir de l'herbe, des tuyaux, des épis ; mais nous ignorons comment cela s'opère ; nous comprenons encore moins com-

ment d'un noyau très petit, naît une plante, puis un grand arbre à l'ombre duquel les oiseaux font leur nid. Tous les aliments se transforment au dedans de nous, par le mécanisme de la roue mystérieuse, et s'assimilent à notre sang et à notre chair.

La nature nous offre, à chaque pas, des merveil-

les qui nous confondent, et quelques découvertes
que nous ayons faites, il reste toujours mille choses
à découvrir.

Qui a construit la voûte immense des cieux et
placé dans le firmament ces feux innombrables, ces
astres qui roulent dans l'infini et nous envoient
leurs rayons bienfaisants ? Montagnes superbes !
qui éleva vos tête au-dessus des nues ? qui vous
orna de forêts verdoyantes, d'arbres fruitiers et de
tant de fleurs agréables ? qui couvrit vos cimes
sourcilleuses de neiges et de glaces et fit jaillir de
vos entrailles ces sources qui humectent et fécondent la terre, ces fleuves majestueux qui portent
partout l'abondance de la vie ?

Fleurs des champs ! qui vous donna cette magnifique parure ? Par quel prestige un peu de terre
et quelques gouttes d'eau, ont-elles produit vos
grâces enchanteresses ? D'où vous viennent ces parfums qui nous embaument et nous récréent ; ces
couleurs brillantes qui réjouissent nos yeux, et que
tout l'art des hommes ne peut imiter !

Créatures animées qui peuplez la terre et les
eaux, à qui devez-vous votre existence, votre structure, ces instincts si divers et si merveilleux qui
étonnent notre raison ?

Comment quelques grains de poussière ont-ils
pu être renfermés en un corps si bien organisé ?
Comment un peu de terre modifiée et transformée
en chair, en fruit, en pain, et broyée par mes dents,
me procura-t-elle tant de sensations agréables ?

Quelle est enfin cette intelligence dont je suis doué, et qui me met en état de réfléchir sur tout ce qui m'environne, d'en calculer les rapports, d'acquérir une foule de connaissances, d'être homme enfin ?

Tout ce qui existe, depuis le grain de sable jusqu'aux plus hautes montagnes est calculé, combiné avec une parfaite sagesse et le hasard ne saurait produire un ouvrage si grandiose et si savant.

Comme dans chaque œuf se trouve un germe où sont contenus les principaux linéaments d'un petit animal, à qui il ne faut qu'un certain degré de chaleur pour se développer; de même dans un gland se trouve un germe, où sont contenus les principaux linéaments d'un végétal, qui n'a besoin que d'un certain degré de fermentation dans la terre, pour devenir un chêne.

Quoique les germes préexistent tout formés dans leurs graines, quel art ne faut-il pas pour les développer, pour donner l'accroissement à la plante et pour en perpétuer l'espèce ? L'eau et l'air devaient être composés de parties dont le mélange pût servir à l'accroissement des végétaux dans le sein de la terre. Le soleil devait mettre tous les éléments en action, faire germer les semences par sa chaleur, et mûrir les fruits. Il fallait que les fibres fussent tellement disposées, que la sève, le suc propre pussent y pénétrer, y circuler pour donner à chaque plante la forme, la grosseur et la force qui lui étaient propres.

Comme la vie des animaux dépend de la circulations de leur sang, celle des végétaux dépend de la circulation de la sève. Les minéraux mêmes ont dans le centre de la terre une espèce de circulation qui produit une espèce de *vie terrienne* et quand

nous les retirons nous n'avons plus que des cadavres comme l'herboriste qui garde des plantes sèches dans son cabinet.

Une cause unique lança la vie et le mouvement dans l'univers.

Approchez savants, artistes, peintres rivaux de la nature. Considérez ces fleurs. Que manque-t-il à leur perfection ? Trouvez-vous quelque défaut dans le

1.

mélange des couleurs, dans les formes, ou dans les proportions? Votre pinceau pourra-t-il 'exprimer le rouge éblouissant de la fleur de pêcher? Imitera-t-il le pur émail et la simplicité de la parure du pommier ou du cerisier en fleur? Quand il n'existerait sur la terre aucune autre preuve de la sagesse de Dieu, les fleurs du printemps suffiraient pour nous en convaincre.

Les charmes de l'été ont fait place à des plaisirs plus solides : des fruits délicieux ont remplacé les fleurs. La pomme dorée, dont l'éclat est encore rehaussé par des filets couleur de pourpre, fait plier la branche qui la porte. Les poires fondantes, les prunes, dont la douceur égale celle du miel, viennent tenter notre goût en flattant nos yeux. C'est avec une sage économie que la nature mesure et départit ses dons. Elle ne les prodigue pas tous à la fois, et de manière à nous accabler de leur abondance. Nos plaisirs sont successifs et variés ; et elle les assaisonne encore, en leur donnant à tous le charme de la nouveauté.

La main qui a formé la terre en a diversifié la surface avec un artifice admirable. Elle ne s'est pas contentée de nous donner des terrains unis, de toute nature et de toutes qualités, elle a élevé aussi d'espace en espace, des montagnes et des collines, afin de ménager des expositions favorables aux plantes qui, comme la vigne, ont besoin d'une forte réflexions de la lumière, pour mûrir parfaitement leurs fruits. La nature inclina tous ces terrains, pour y faire tomber directement le rayon qui serait oblique dans la plaine, et transformer ainsi pour nous en sources d'utilité et d'agréments les lieux les plus irréguliers en apparence.

La terre, dans la dure saison, peut-être comparée à une mère à qui l'on vient d'arracher ceux de ses enfants qui donnaient les plus belles espérances. Elle se voit solitaire, dépourvue des charmes qui variaient et embellissaient sa surface.

Cependant, elle n'est pas privée de tous ses ornements; c'est même un préjugé de croire que l'hiver soit nuisible aux plantes. Au contraire, il est incontestable que les variations du chaud et du froid, contribuent à leur accroissement et à leur propagation.

L'hiver favorise et augmente la fécondité de la terre; la roue mystérieuse tourne toujours et une activité perpétuelle empêche l'univers de tomber en lambeaux.

Les sapins, les pins, les genévriers, les cèdres, les mélèzes, croissent en cette saison comme dans les autres. L'épine blanche montre ses baies purpurines; le laurier-thym déploie ses fleurs disposées en ombelle; l'if s'élève toujours en pyramide; le faible lierre serpente encore autour des murailles; l'humble buis montre au milieu de la neige ses branches toujours vertes; le poivre (1) des murailles, la sauge, la marjolaine, le thym et la lavande,

(1) L'orpin brûlant.

conservent aussi leur verdure. Certaines fleurs croissent même sous la neige. L'anémone, la primevère, les hyacintes et les narcisses, verdissent pendant le froid.

Ainsi dans l'immense jardin de la nature, depuis les pays situés sous l'équateur jusqu'aux climats du pôle, il n'est guère de sol qui ne nourrisse quelque plante, et aucune saison n'est absolument dépourvue de fleurs et de fruits.

Tout dans la nature visible est peuplé d'êtres vivants et animés. Quelle innombrable foule d'espèces, quelle étonnante multiplicité d'individus nous présentent les airs, les champs, les prairies, les forêts, les rivières et les mers ! Que d'espèces d'animaux qui contiennent encore une quantité prodigieuse d'espèces subalternes. Une seule goutte d'eau, à peine sensible à l'œil, offre un nombre considérable d'êtres vivants, qu'on distingue les uns des autres à l'aide du microscope.

Les animaux plantes, ou polypes, nous prouvent que la nature sait distinguer ses ouvrages par des limites très étroites, et qu'il est presque impossible de déterminer le point où le règne animal finit et où le règne végétal commence.

Mais rien n'est l'effet du hasard ; les mouvements des petits animaux, qui nous paraissent capricieux, tendent aussi réellement vers un but, que ceux des plus grands. La prudence que nous admirons dans le renard pour s'assurer une tanière ; l'industrie que nous remarquons dans l'oiseau pour se fabri-

quer un nid, nous les retrouvons dans le moucheron, pour loger avantageusement sa petite postérité.

La mer, cet immense bassin qui couvre les deux
tiers de notre globe est remplie de créatures vivantes, où l'on trouve comme sur la terre, des
gradations, des nuances, des passages insensibles

d'une espèce à l'autre. La nature y passe du petit
au grand ; elle perfectionne insensiblement les espèces, et lie tous ces êtres par une chaîne immense
qui les embrasse.

Tout ce qui est nécessaire à la conservation de
l'individu et à celle de son espèce, l'animal semble
l'exécuter du premier coup, sans préparation, sans

étude, sans expérience, sans imitation, et aussi parfaitement qui si l'ouvrage était le résultat de la plus longue habitude ou des réflexions les plus profondes.

Si les animaux n'inventent rien, s'ils font tous la même chose, ce n'est pas qu'ils se copient, c'est qu'étant tous jetés au même moule, ils agissent tous pour les mêmes besoins et par les mêmes moyens.

En comparant sous le rapport des habitudes et des mœurs les oiseaux aux quadrupèdes, il paraît que l'aigle, noble et généreux, est le lion; que le vautour, cruel et insatiable, est le tigre; le milan, la buse, le corbeau, qui cherchent de préférence les chairs corrompues, sont les hyènes, les loups et les chacals; les faucons, les éperviers, les autours, sont les chiens, les renards et les lynx, puisqu'ils chassent comme eux; les chouettes, qui ne chassent que la nuit, seront les chats; les hérons et les cormorans, qui vivent de poissons, seront les castors et les loutres; les pics seront les fourmilliers; les paons, les coqs, les dindons, tous les oiseaux à jabot, représentent les bœufs, les chèvres et les autres ruminants; de sorte qu'en établissant une échelle, on retrouvera dans les oiseaux les mêmes rapports et les mêmes différences qu'on observe dans les quadrupèdes.

Depuis l'éléphant jusqu'à l'insecte invisible à l'œil nu, que de degrés, que d'anneaux forment une chaîne immense et non interrompue! Quelles liaisons, quel ordre, quels rapports entre toutes ces créatures!

Tout est harmonie; et si à première vue nous croyons découvrir quelque imperfection dans certains objets, nous ne tardons pas à convenir que notre ignorance nous a fait porter un faux jugement.

Il ne faut ni la science du naturaliste, ni celle du physicien, pour sentir ces vérités; il suffit de contempler ce que nous avons journellement sous les yeux.

La nature travaille avec un art infini. On s'étonne avec raison de certains arts que les modernes ont inventés et au moyen desquels ils exécutent des choses qui auraient paru surnaturelles à nos ancêtres.

Mais que sont toutes les inventions et les plus beaux ouvrages des hommes, en comparaison des œuvres de la Nature! Quelles faibles imitations? Que l'artiste considère son chef-d'œuvre à travers le microscope et il lui paraîtra informe, rude et grossier.

Mais qui pourrait décrire les beautés innombrables, les charmes si variés, le mélange gracieux de couleurs, les décorations si diversifiées des prairies, des vallons, des montagnes, des forêts et des fleurs ? Quelle étonnante variété de formes, de figures, ne découvre-t-on pas même dans les créatures inanimées! Mais la diversité est bien plus étonnante dans les êtres organisés; et cependant chacun d'eux considéré dans son espèce est parfait.

La contemplation du monde offre de toutes parts les traces d'une intelligence supérieur qui a tout

ordonné, qui a prévu tous les effets à résulter des
forces qu'elle imprimait à la nature. Ainsi l'univers une fois formé peut subsister toujours, et du
moins remplir constamment sa destination quant
aux êtres purement physiques, sans qu'il soit nécessaire de rien changer aux lois générales primi-
tivement établies

Le contraire à souvent lieu dans les ouvrages
des hommes. Les machines les plus artistement
construites exigent des réparations fréquentes ;
elles se détériorent et se détraquent de plus en
plus.

Le monde corporel est aussi une machine, mais
les parties dont elle est composée et leurs divers
usages sont innombrables. Elle est divisée en
plusieurs globes lumineux ou opaques. Les globes
opaques (planète), qui servent d'habitation à une
multitude infinie de créatures de toute espèce,
se meuvent dans des orbes qui leur sont prescrits,
et dans des temps réglés, autour des globes lumineux, pour en recevoir la lumière et la chaleur, le
jour et la nuit, les saisons, la nourriture et l'accroissement.

Les positions des planètes et leur gravitation
naturelle sont si diversifiées, qu'il paraîtrait comme
impossible de déterminer d'avance le temps où
elles reviendront au point d'où elles sont parties,
pour commencer leur cours périodique ; et malgré la diversité des phénomènes que ces globes
nous présentent, il n'est point encore arrivé, de-

puis tant de siècles, que ces masses énormes se soient entre-heurtées dans leurs révolutions. Toutes les planètes parcourent régulièrement leurs orbes en gardant leur ordre et leurs différences respectives.

Les étoiles fixes sont telles aujourd'hui qu'on les observait il y a deux mille ans ; preuve incontestable que dans le premier arrangement des corps célestes, dans la mesure, les lois et les rapports de leurs forces, l'auteur de la nature a prévu et déterminé, pour toute la durée des siècles, l'état du monde et de toutes ses parties.

Il faut en dire autant de notre terre, en tant qu'elle est annuellement sujette à diverses révolutions, et à des changements de température.

Mais rien n'est plus propre à nous faire sentir combien nous ignorons les causes particulières des événements naturels et leur liaison avec l'avenir, que la diversité qui s'observe dans la température de l'air ; diversité qui a tant d'influence sur la fertilité et l'aspect de notre globe.

En vain multiplierons-nous les observations météorologiques, jamais nous n'en pourrons déduire des règles et des conséquences certaines pour la suite ; et nous ne trouverons jamais d'année qui soit parfaitement semblable à une autre.

Ce dont nous sommes néanmoins bien assurés, c'est que ces variations naturelles, cette confusion apparente des éléments, ne bouleversent pas le globe, n'en détruisent point l'équilibre et n'y ramènent, point le chaos. Elles sont, au contraire, les vrais moyens d'y maintenir d'année en année l'ordre, la fertilité et l'abondance.

Ainsi le monde n'est pas composé de matériaux désunis ou mal liés, c'est un tout régulier, parfait, dont la structure et l'arrangement sont l'ouvrage d'une intelligence suprême.

Si nous considérons les rapports qui se trouvent entre notre terre et les corps céleste, la conformité, la convenance, l'accord merveilleux qui règnent entre tous les globes mis à la portée de nos regards, nous serons de plus en plus remplis d'admiration à la vue de l'ordre et de la beauté de la nature entière.

Si le monde était l'ouvrage du hasard, nous verrions de temps en temps de nouvelles productions. Pourquoi donc ne nous offre-t-il pas de nouvelles espèces d'animaux, de plantes, et de minéraux?

Le firmament au-dessus de nos têtes et la terre sous nos pieds, restent les mêmes de siècle en siècle. Et cependant, ils nous donnent, de temps à autre, des spectacles aussi variés que superbes.

Tantôt le ciel est couvert de nuages, tantôt il est serein; souvent il offre à nos yeux une magnifique voûte d'azur; quelquefo's il est peint des couleurs les plus diversifiées.

Les ténèbres de la nuit et la clarté du jour; les feux éclatants du soleil et la lueur pâle de la lune se succèdent plus régulièrement.

L'espace incommensurable qu'ils parcourent, paraît tantôt désert, tantôt semé d'un nombre infini d'étoiles ; et de combien de changements et de révolutions la terre n'est-elle pas le théâtre ?

Pendant quelques mois, uniforme et sans parure, la rigueur de l'hiver lui ravit sa beauté ; bientôt le printemps vient la rajeunir en quelque sorte à nos yeux. L'été nous la montre plus belle et plus riche encore ; et après quelques mois, l'automne lui fera répandre, de son sein fertile, les fruits de toute espèce.

Quelle variété d'ailleurs, d'une contrée à une autre.

Ici, dans un terrain uni, s'offrent des plaines dont l'œil ne peut embrasser les limites ; là, s'élèvent de hautes montagnes couronnées de forêts ; à leurs pieds, de fertiles vallons sont arrosés par des ruisseaux et des rivières.

Ici, des gouffres et des précipices ; là, des lacs dont les eaux sont immobiles ; plus loin des torrents impétueux ; de tous côtés, une variété qui récrée les yeux et ouvre le cœur au sentiment d'une joie douce et pure.

Quelque élevé que soit l'homme par rapport à la brute, n'a-t-il pas en commun avec elle, et même avec les plantes, les mêmes moyens de nourriture ? Ne sont-ce pas le soleil, l'air, la terre et les eaux qui la fournissent à tous ? Et néanmoins s'ils se rapprochent à quelques égards, par combien d'endroits aussi ne diffèrent-ils pas infiniment les uns des autres?

Si nous examinons les variétés de notre espèce, quel étonnant assemblage de conformités et de diversités !

La nature humaine, dans tous les temps, chez tous les peuples, est la même. Et cependant, parmi cette multitude innombrable d'hommes répandus sur la terre, chaque individu a une figure qui lui est propre, une physionomie et des talents particuliers.

Il semble que la nature ait voulu mettre dans ses œuvres la plus grande variété compatible avec la structure essentielle et particulière à chaque espèce.

Tous les êtres de notre globe se divisent en trois classes : les minéraux, les végétaux et les animaux. Ces classes se subdivisent en genres, les genres en espèces.

Aussi n'est-il point sur la terre et même dans tout l'univers de créature parfaitement isolée.

Toutes se tiennent par des liens invisibles qui vont aboutir à cette *roue mystérieuse* que Dieu plaça dans le centre de la création pour imprimer le mouvement et la vie à toute la nature.

De cet assemblage d'uniformité et de diversité, dérivent l'ordre et la beauté de l'univers.

Ce qu'on appelle la *nature*, est une chaîne indéfinie de causes et d'effets, liés ensemble par le souverain moteur ; et comme toutes les parties de l'univers sont en rapport les unes avec les autres, chaque mouvement, chaque évènement, dépend d'une cause unique et des effets qui lui succèdent.

Toute la constitution du monde est propre à nous convaincre que ce n'est point le hasard, mais un art divin, qui d'abord a élevé cet étonnant édifice, imprimé le mouvement à ses différentes parties, fixé leurs rapports innombrables, déterminé la grande chaîne d'évènements dépendant l'un de l'autre ; en sorte que l'univers est fait d'après un plan unique, et démontre par l'ensemble de ses parties et par l'unité du dessein, la sagesse de son auteur.

Bornons-nous ici à certains effets qui tiennent à une même cause. Quelques phénomènes naturels peuvent nous en fournir des exemples.

Quelle diversité d'effets ne produit pas visiblement la *chaleur*.

Elle contribue à la vie des animaux et des plantes, à la maturité des fruits, à l'élévation des vapeurs, à la formation des nuages sans lesquels la terre resterait stérile. Par le *feu*, les corps solides sont fondus et changés en fluides, ou deviennent des corps solides d'une autre espèce ; il met en ébullitions les fluides et les réduit en vapeur : par lui la chaleur est distribuée dans tous les corps.

L'air est aussi constitué de manière à remplir à la fois plusieurs fins.

Au moyen de cet élément, les corps animés se conservent, les poumons se rafraîchissent et purgent le sang de principes nuisibles. C'est l'air qui entretient le feu et nourrit la flamme; c'est l'air qui par son ébranlement et ses ondulations, conduit le son à notre oreille; qui donne un libre essor aux animaux ailés; qui ouvre à l'homme une route aisée sur les mers.

C'est par l'air que les nuages se soutiennent dans l'atmosphère, jusqu'à ce que devenus trop pesants par leur condensation, ils retombent en pluie.

Il prolonge le jour par le crépuscule et l'aurore; sans lui le don de la parole serait inutile, car nous ne pourrions rien entendre.

Tous ces avantages dépendent de la nature de l'air, dans lequel nous vivons et que nous respirons. La force de gravité qui se trouve dans tous les corps affermit la terre; elle enchaîne l'Océan dans ses profondeurs, et notre globe dans l'orbite qu'il parcourt dans l'infini; elle maintient chaque être à sa place dans la nature, et assigne aux corps célestes, les distances qui doivent les séparer.

Depuis l'origine du monde, la terre n'a pas discontinué d'ouvrir son sein; les mines ne sont point épuisées; la mer fournit sans cesse la subsistance à une infinité de créatures; les plantes ont toujours des germes qui poussent dans leur temps et qui deviennent fertiles.

La nature, comme un sage économe, a toujours soin que rien ne se perde : Elle sait tirer parti de tout.

Les insectes servent de pâture à de plus grands animaux et ceux-ci sont toujours utiles à l'homme.

Lorsque la contagion diminue quelques espèces, cette perte est réparée par l'accroissement d'autres espèces.

Il n'est pas jusqu'aux cadavres, aux matières putréfiées et corrompues, que la nature ne mette en œuvre, soit pour la nourriture de quelques insectes, soit pour servir d'engrais à la terre.

Combien la nature est riche en beautés et en agréments !

Sa plus belle parure n'exige cependant que de la lumière et des couleurs, et le spectacle qu'elle offre est continuellement varié, selon les points de vue où l'on se place.

Ici l'œil est frappé de la beauté des formes ; là, l'oreille est flattée par des sons mélodieux et l'odorat récréé par d'agréables parfums.

Les dons de la nature sont même si abondants que ceux dont les hommes font le plus grand usage, ne manquent jamais. Elle les a distribués par toute la terre ; elle prend et elle donne ; elle établit, au moyen des fleuves et des mers, des rapports et des liaisons entre les différentes contrées ; et ses présents, passant par une infinité de mains, profitent et augmentent de prix par cette circulation continuelle.

LES MÉTAMORPHOSES DE LA MATIÈRE

Elle combine ses dons et les mélange, comme le pharmacien les ingrédients et les remèdes. C'est la roue mystérieuse qui met tout en mouvement, qui transforme et métamorphose perpétuellement la matière et entretient ainsi l'univers dans une éternelle jeunesse.

II

UNE GRANDE LOI

Le spectacle des cieux et de la terre ne peut pas être longtemps indifférent aux regards de l'homme.

La parure des continents, les abîmes des mers, les explosions des volcans, l'aspect de la voûte azurée, et ces astres innombrables qui sont parsemés dans son étendue, ont commandé a l'esprit humain l'admiration et le respect; il a dû se demander les causes de cet univers qui l'entoure et dont il fait partie; il a voulu remonter à l'origine de tous les êtres, et ses premiers pas l'ont lancé dans l'abîme où il se perd.

En jetant un coup d'œil sur les objets qui nous environnent, au travers de ce désordre apparent qui semble tout 'confondre, il est facile d'apercevoir l'ordre, l'harmonie, le concert ineffable des êtres qui se prêtent une mutuelle assistance, qui suivent des lois invariables, éternelles, et qui, placés chacun dans le lieu qui leur convient, exercent perpétuellement les mêmes actes et concourent sans relâche au même but.

Bien que nous n'apercevions pas toujours la fin pour laquelle ils existent et ils agissent, nous reconnaissons un plan raisonné et profondément sage dans tout ce qu'il nous est permis de connaître.

C'est ainsi que nous remontons à une cause premières infiniment intelligente qui a dû tout coordonner et arranger dans cet univers, car je ne connais rien d'aussi absurde que la supposition de je ne sais quel arrangement fortuit que le mouvement a pu amener. Le hasard peut-il offrir jamais des exemples constants de prévoyance et de sagesse semblables à ceux que je découvre dans les animaux et les végétaux ?

S'il était besoin de démontrer l'existence d'une suprême intelligence, la face de la terre et le dôme céleste l'annoncent à tous les peuples et dans tous les âges.

Si l'on ne se rend pas à l'aspect du grand spectacle du monde et de l'organisation de ses êtres vivants, l'on n'est point capable de céder à la voix de la vérité.

Nous reconnaissons donc un principe d'intelligence et de prévoyance dans l'univers, nous le reconnaissons à ses ineffables ouvrages, à sa toute-puissance, à cette éternelle volonté qui gouverne l'univers dans le calme, qui, du sein de l'invisibilité, préside à toutes les existences, règne partout, est présente en tous lieux, et à laquelle rien ne peut échapper dans l'immensité de ses lois.

Cette première cause, nous l'appelons DIEU : et le considérant comme *principe d'intelligence*, nous l'appelons *nature*, lorsque nous l'examinons sous les rapports de la *volonté* et de la *vie*, ou du *mouvement* auquel tous les corps de l'univers sont soumis.

La *nature* est donc une émanation de la divinité par laquelle elle gouverne le monde; c'est en quelque sorte la main de Dieu, le ministre de ses volontés immortelles.

Obéissant aux lois qui lui sont prescrites, elles les suit sans contrainte et sans relâche, ne fait rien en vain, prend toujours la voie la plus simple et la plus courte, travaille sans cesse sur le même plan qu'elle diversifie à l'infini, comme pour faire preuve de sa prodigieuse fécondité; elle commence toujours par les plus petites masses et successivement, ne se presse jamais pour parvenir au but qu'elle est bien sûre d'atteindre, puisque le temps ne lui coûte rien; enfin elle ne détruit rien que pour créer de nouveau, elle ne perd aucun de ses avantages et aucun des objets qui lui sont confiés.

Toujours simple, toujours variée, toujours féconde, sa marche est constante et uniforme; elle cherche la vie, l'union, la concorde et le plaisir, et cependant elle a besoin de destruction pour alimenter son activité; elle change et bouleverse tout; elle construit pour abattre, elle anime pour tuer, aliments pour faire périr; principe de concorde et d'amitié dans les mondes, elle se repait de haines et de discordes, elle change perpétuellement pour rester toujours la même, elle finit sans cesse pour recommencer sans cesse; le mouvement est sa vie, le repos est sa mort.

En effet la matière, c'est-à-dire cet assemblage de tous les corps qui composent la masse du monde, nous semble par elle-même dépourvue d'activité et privée d'énergie. Si nous supposons un espace vide au-delà de l'univers, et que nous y plaçions de la matière, à l'abri de toutes les loin de la *nature*, il nous semble qu'elle restera éternellement dans le même état, sans action, sans vie, sans ressort.

Si nous formons une masse unique de tous les corps de l'univers, un chaos de toutes les substances et de toutes leurs propriétés; si nous considérons l'ensemble de tous ces principes, nous aurons l'idée de la matière.

La matière est ainsi un assemblage confus, un mélange hétérogène des propriétés les plus dissemblables, des éléments les plus ennemis, des objets les plus disparates, des principes de vie, et des semences de mort, enfin de toutes les contrariétes de la *nature*.

Il est donc nécessaire de classer et de séparer ce chaos en substances similaires et homogènes entre elles que la science humaine n'est point encore parvenue à décomposer, s'il est possible toutefois de les décomposer.

Ces matières simples et homogènes sont les *éléments*, non pas ces quatre grandes classes de matières que l'ancienne physique désigna sous les noms de *terre*, *d'eau*, *d'air* et de *feu* ; car on est parvenu à découvrir que ces prétendus éléments étaient encore composés de matières plus simples qui seront peut-être décomposées à leur tour en éléments dans la suite des âges.

Il est donc impossible aujourd'hui de fixer le nombre des éléments qui composent la matière en général, et cette connaissance surpasse peut-être les forces de l'esprit humain, mais du moins nous reconnaissons quelques lois très générales par la *nature*, et qui gouvernent tous les corps de l'univers.

Les premières de toutes, celles qui semblent inhérentes à la matière, bien qu'elles soient un présent de la *nature*, sont les lois de l'attraction ou de la pesanteur. Tantôt agissant à de grandes distances, elles font circuler les mondes autour du soleil, et déterminent l'étendue de leurs ellipses ; tantôt circonscrites dans les bornes des affinités chimiques ou des agrégations, la masse des corps entre comme élément, et doit être évaluée dans la masse totales des forces ; ainsi ces lois s'étendent généralement dans toute la matière de l'univers.

La seconde loi est celle de la raréfaction qui contrarie sans cesse la précédente en écartant les molécules des corps que l'attraction tend toujours à rapprocher. La chaleur ou le feu est le principe de cette force universellement répandue dans le monde.

Peut-être se lie-t-elle par des rapports inconnus aux premières lois de la matière; peut-être devient-elle le germe secret de la vie des corps organisés. Au moins, elle semble se confondre avec la lumière et le fluide électrique qui jouent sans doute un très grand rôle dans l'univers, qui allument la foudre, qui pénétrent la terre, la vivifient, et sont les principaux instruments des métamorphoses de tous les corps.

Peut-être le magnétisme dépend-il originairement des mêmes causes, mais modifiées, et qui tiennent aux lois fondamentales du monde.

Toute modification qui survient dans l'état d'un corps et qui en change la nature, comme la formation de la rouille sur le fer, celle du vert-de-gris sur le cuivre, la combustion du bois ou de la houille dans nos foyers, la putréfaction des débris animaux et végétaux, sont autant de phénomènes chimiqnes.

On sait que la matière peut être ou *solide*, auquel cas elle a une forme déterminée et variable; ou *liquide*, auquel cas ses molécules sont libres de se mouvoir dans tous les sens; enfin *gazeuse*, et dans cet état, les molécules, outre la mobilité en tous sens, ont de plus la propriété de se repousser et d'occuper un volume indéfiniment grand.

On nomme *cohésion*, la force qui unit les particules matérielles dans leur état solide. Elle s'affaiblit en général par l'accumulation de la chaleur, qui paraît donc être une force opposée à la cohésion.

Quand par l'effet de la chaleur, un corps a passé à l'état liquide, la cohésion est presque détruite. Et quand le liquide est arrivé à une certaine température, toute sa masse passe à l'état gazeux, et alors il ne reste plus que l'action de la chaleur, qui tend sans cesse à éloigner les unes des autres les particules matérielles devenues gazeuses.

La force de *cohésion*, qui unit les atomes des corps, ne doit pas être confondue avec la pesanteur ou *attraction* universelle, quoique les deux fassent partie d'une grande et unique loi.

En chimie, on se sert du mot *cohésion* pour désigner la force qui maintient en contact les atomes de même espèce, soit simples, soit composés; et l'on désigne sous le nom d'*affinité* la force qui provoque et conserve la réunion ou combinaison d'atomes de diverses natures.

A la cohésion est due la cristallisation, qui est d'autant plus régulière que les corps passent plus lentement de l'état liquide ou gazeux à l'état solide. Mais à l'affinité sont dues toutes les merveilles de la chimie, et c'est l'étude de cette force incompréhensible qui fait presque toute l'occupation du chimiste; c'est peut-être la science dont l'utilité pratique est la plus grande, et déjà l'industrie, les arts et la médecine en ont reçu de nombreuses et fécondes applications.

Mais, comme dit Fontenelle, telle est notre condition qu'il ne nous est point permis d'arriver tout
d'un coup à rien de raisonnable; il faut avant tout
que nous nous égarions longtemps et que nous
passions par diverses sortes d'erreurs et par divers
degrés d'impertinence.

Outre le secret de faire de l'or, les alchimistes
s'attribuèrent aussi le pouvoir de donner aux pierres précieuses le degré de perfection qui leur
manque.

Leur témérité a été jusqu'à soutenir que par
l'alchimie on pouvait former un homme.

Quelques procédés routiniers pour extraire et
employer le petit nombre de métaux connus dans
l'antiquité, l'art de préparer quelques couleurs minérales, la connaissance de quelques sels, telles
étaient les données des anciens en chimie; aucun
médicament tiré du règne minéral ne figurait dans
la matière médicale des Grecs. Ce ne fut guère
qu'à l'époque où les Arabes cultivèrent les sciences
que la chimie fut considérée comme telle.

Mais bientôt les préjugés et la superstition du
temps étendirent leur influence sur cette science;
ce fut comme moyen de rechercher la pierre philo-
sophale et une panacée universelle que la chimie
fut cultivé depuis le septième jusqu'au dix-septième
siècle ; c'est alors qu'elle porta exclusivement le
nom d'*alchimie*.

La direction vicieuse que suivaient les alchimistes, et qui devait perdre la science, favorisa cepen-

dant la découverte de plusieurs corps; mais il fallut attendre jusqu'au dix-huitième siècle pour découvrir les lois admirables des combinaisons chimiques.

Il en fut de même pour la théorie du mouvement des corps célestes. Ils eût toujours dû être facile de s'aviser que tout le jeu de la nature consiste dans les figures et dans les mouvements des corps. Cependant avant que d'en venir là, il a fallu essayer des idées de Platon, des nombres de Phytagore et des qualités d'Aristote; et tout cela ayant été reconnu pour faux, on a été réduit à prendre le vrai système, car en vérité, il n'en restait plus d'autres.

L'univers est caché pour nous derrière une espèce de voile à travers lequel nous entrevoyons confusément quelques phénomènes. Et quand un génie découvre quelques-unes des lois harmoniques qui régissent la Création, il faut reconnaître la cause primordiale, le grand ordonnateur, dont l'*attraction universelle* est l'effet immédiat.

Cette attraction qu'on appelle aussi force *centripète*, est un des plus grands principes et des plus universels de la nature. Nous la voyons et nous la sentons dans les corps soumis par nous à la *pesanteur;* et nous trouvons par l'observation que cette force, toujours proportionelle à la quantité de matière et qui agit en raison inverse du carré des distances, s'étend jusqu'à la lune et jusqu'aux autres planètes premières et secondaires, aussi bien que jusqu'aux comètes, et que c'est par elles que les corps célestes sont retenus dans leurs orbites.

Or comme nous trouvons la pesanteur dans tous les corps qui font le sujet de nos observations, nous sommes en droit d'en conclure qu'elle se trouve aussi dans tous les autres; de plus comme nous remarquons qu'elle est proportionnelle à la quantité de matière de chaque corps, elle doit exister dans chacune de leurs parties; et c'est par conséquent une loi de la nature, pour chaque particule.

C'est donc de l'*attraction*, suivant Newton, que proviennent la plupart des mouvements et par conséquent des changements qui se font dans l'univers. Et par là, cet auteur explique une infinité de phénomènes, qui seraient inexplicables par le seul principe de la *gravitation*, la coagulation, la cristallisation, la fluidité, la fermentation.

« En admettant ce principe, ajoute Newton, on trouvera que la nature est partout conforme à elle-même et très simple dans ses opérations; qu'elle produit tous les mouvements des corps célestes par l'attraction de la gravité qui agit sur les corps, et presque tous les petits mouvements le leurs parties, par le moyen de quelqu'autre puissance attractive répandue dans ces parties. Sans ce principe, il n'y aurait point de mouvement dans le monde ; et sans la continuation de l'action d'une pareille cause, le mouvement périrait peu à peu, puisqu'il devrait continuellement décroître et diminuer, si ces puissances actives n'en reproduisaient sans cesse de nouveaux. »

Laboratoire de chimie.

L'*attraction* en général est un principe si complexe, qu'on peut par son moyen expliquer une foule de phénomènes différents les uns des autres ; mais jusqu'à ce que nous en connaissions mieux les propriétés, il serait peut-être bon de l'appliquer à moins d'effets, et de l'approfondir davantage.

Il peut se faire que toutes les attractions ne se ressemblent pas, et que quelques-unes, dépendent de certaines causes particulières, dont jusqu'à présent nous n'avons pu nous former aucune idée, parce que nous n'avons pas assez d'observations exactes, ou parce que les phénomènes sont si peu sensibles qu'ils échappent à nos sens.

Ceux qui viendront après nous découvriront peut-être ces diverses sortes de phénomènes qu'il nous est impossible de bien expliquer avant que ces causes inconnues aient été découvertes.

Nous aimons, il est vrai, à généraliser nos découvertes; l'analogie nous plaît parce qu'elle flatte notre vanité et soulage notre paresse; mais la nature n'est pas obligée de se conformer à nos idées. Nous voyons si peu avant dans ses ouvrages et par de si petites parties, que les principaux ressorts nous en échappent. Tachons de bien apercevoir ce ce qui est autour de nous, et si nous voulons nous élever plus haut, que ce soit avec beaucoup de circonspection, autrement nous n'en verrions que plus mal en croyant voir plus loin.

Il en est de même de la *gravitation*, qui signifie proprement l'effet de la pesanteur ou la *tendance* qu'un corps a vers un autre corps. L'*attraction* est la cause inconnue et la *gravitation* est l'effet.

Les planètes aussi bien que les comètes tendent toutes vers le soleil et pèsent en outre les unes vers les autres, comme le soleil pèse et tend vers elles. L'équilibre des corps célestes est maintenu par ces deux forces; attraction ou force centripète, et gravitation ou force centrifuge.

Le phénomène des marées a confirmé d'ailleurs cette théorie pour la terre et la lune. Et comme les révolutions des planètes autour du soleil et celle des satellites de Jupiter et de Saturne autour de ces planètes, sont des phénomènes de la même espèce que la révolution de la lune autour de la terre, on peut conclure que la loi de la gravitation et sa cause sont les mêmes dans toutes les planètes et leurs satellites.

Il ne reste plus qu'à savoir quelle est la cause de cette gravitation universelle, ou tendance mutuelle que les corps ont les uns vers les autres.

Clarke croit que ce n'est point un effet accidentel de quelque matière subtile, mais une force générale que, dès le commencement, Dieu a imprimée à la matière et qu'il y conserve par quelque cause efficiente qui en pénètre la substance. Gravesande pense que nous devons la regarder comme une tendance que le Créateur a imprimée originairement et immédiatement à la matière, sans qu'elle dépende en aucune façon de quelque loi ou cause secondaire.

Suivant la théorie de Newton, on démontre d'une façon fort élégante les lois mécaniques d'où dépendent les mouvements bizarres de la lune dans son orbite.

Mais malgré ce travail, on n'est pas encore parvenu à découvrir entièrement ce qui appartient à la théorie de cette planète et cela faute d'une suite d'observations qui demandent beaucoup de veilles et d'assiduité. Au reste, quelles que soient les causes des irrégularités des mouvements de la lune, les observations ont appris qu'après 223 lunaisons, les circonstances de son mouvement redevenant les mêmes, par rapport au soleil et à la terre, ramènent dans son cours les mêmes irrégularités qu'on y avait observées dix-huit ans auparavant. Une suite d'observations continuées pendant une telle période avec assez d'assiduité et d'exactitude, donnera donc le mouvement de la lune pour les périodes suivantes.

L'astronome de Lalande a écrit des réflexions judicieuses au sujet de la rencontre des *comètes*.

Whiston, Buffon et de Maupertuis, dit-il, avaient déjà remarqué que les comètes pourraient se rencontrer, ou rencontrer la terre, et y produire les plus étranges révolutions; mais on n'avait fait à cet égard que des hypotèses vagues.

J'ai voulu examiner parmi les comètes déjà connues, s'il y en avait qui naturellement pussent rencontrer la terre, ou en approcher de manière à nous mettre en danger : J'ai trouvé qu'il y en avait huit dont les orbites passent très près de celle de la terre ; et si nous ne connaissons que la cinquième partie des comètes, il peut y en avoir plus de quarante dans ce cas-là. Les dérangements que les attractions étrangères produisent sur le mouvement des comètes, finissent par rapprocher leurs nœuds de la route de la terre et par faire concourir les circonférences de leurs orbites avec le nôtre.

Dans ce cas-là, chacune de ces comètes pourrait venir choquer la terre, ou du moins en passer si près que la mer en serait soulevée, comme elle l'est tous les jours par le soleil et par la lune, et qu'une partie de la terre pourrait en être submergée; c'est l'objet d'un mémoire que j'ai publié à Paris, chez Gibert.

Ces calculs qui avaient été annoncés dans quelques conversations, occasionnèrent dans Paris la terreur et les bruits les plus étranges; on prétendait que j'avais prédit la fin du monde, et il a fallu que mon mémoire fût publié pour dissiper les bruits populaires.

J'ai fait voir dans cet écrit que, quoique ces rencontres de planètes soient possibles, elles supposent tant de circonstances réunies, qu'on ne saurait en faire un objet de terreur. J'ai d'ailleurs observé que la terre parcourant six cent mille lieues par jour dans son orbite, elle ne pouvait être au plus qu'une heure de temps exposée à l'attraction d'une comète, et qu'il était difficile qu'en si peu de temps les eaux pussent s'élever à une bien grande hauteur.

Cependant, il me paraît que si l'on cherche une cause physique et naturelle des révolutions anciennes de notre globe, dont on trouve des traces dans le sein de la terre comme au sommet des montagnes, on la peut trouver dans les approches de quelques-unes de ces comètes.

La détermination de l'orbite des comètes est fort difficile, à cause de leur mouvement irrégulier : elles vont tantôt de l'Orient à l'Occident, tantôt de l'Occident à l'Orient; ou du midi au nord et du nord au midi; quelquefois aussi on voit les comètes demeurer stationnaires un jour et le lendemain s'avancer de 40 degrés, puis rétrograder subitement.

Il y a plusieurs comètes dont la marche peut être aujourd'hui calculée à l'avance avec quelque approximation; mais la science n'est pas encore parvenue à expliquer le singulier phénomène des queues projetées par ces astres jusqu'à 20 millons de lieues. On supposait autrefois que les comètes étaient de simples météores engendrés dans notre atmosphère : Tycho-Brahé combattit le premier cet erreur en observant la comète de 1585, et fit revivre une ancienne idée de Sénèque, qui avait rangé les comètes au nombre des planètes de notre système solaire.

Képler entreprit de calculer l'orbite d'une comète, mais il put reconnaître seulement que cette orbite n'est pas circulaire.

Helvétius reconnut que les comètes décrivent une parabole; enfin, Newton compléta cette théorie en démontrant que les comètes sont attirées par le soleil en vertu des mêmes lois que les planètes.

Mais le mouvement des comètes dans leurs orbites elliptiques, ne sont pas uniformes, parce que le soleil n'occupe pas le centre de ces orbites, mais leur foyer. Les comètes se meuvent donc tantôt plus vite, tantôt plus lentement, selon qu'elles sont plus proches ou plus éloignées du soleil ; mais ces irré-gularités sont elles-mêmes réglées et suivent une loi certaine.

La lune est de tous les astres celui dont le mouve-ment présente les irrégularités les plus sensibles et à proprement parler son orbite n'est pas rigoureuse-ment une ellipse, mais une espèce de spirale indé-finie.

A l'égard du mouvement que toutes les planètes ont dans le même sens d'occident en orient, et leur mouvement de relation autour de leur axe, ces phénomènes ne sont pas si faciles à expliquer dans le système newtonien, que leur mouvement autour du soleil. Descartes imagina de les faire nager dans un fluide très subtil qui tournait en tourbillon autour du soleil, et qui emportait toutes les planètes dans la même direction. Mais Newton trouve que ces mouvements n'ont pas de causes mécaniques et la raison qu'il en apporte, c'est que les comètes se meuvent autour du soleil dans des orbites fort excentriques et dans tous les sens, les unes de l'orient à l'occident, d'autres du midi au nord. Et il ne donnait à ce mouvement commun d'autre raison que la volonté du Créateur, dont ici il n'avait pu deviner le plan ou le pourquoi.

D'autres, sans plus d'embarras, attribueraient ce désordre apparent au mouvement spontané des atomes éternels.

Mais nous voici sur le bord de l'abîme où se perd l'esprit humain, s'il ne s'appuie sur la puissance incompréhensible de Celui qui lança les mondes dans l'espace infini.

A l'encontre des planètes, qui restent unies au système solaire, la plupart des comètes semblent le traverser pour n'y jamais revenir.

D'autres peuvent, après lui avoir appartenu un temps plus ou moins long, se dérober, à son attraction et s'échapper dans quelqu'autre système, où il ne nous est plus possible de les suivre, comme cette planète qui disparut en 1779, ainsi que l'avait prédit Lexell.

Quelques-unes, comme celle de Halley, dont la queue est immense et qui revient tous les 76 ans, deviennent ce qu'on appelle *périodiques*, et parcourent des ellipses plus ou moins allongées, dont le foyer commun est le centre du soleil.

Des froids calculs de l'algèbre, nos grand astronomes ont fait éclore toute la poésie du ciel, mais la poésie vraie, la poésie pure comme la vertu.

Quel livre étincelant de l'imagination humaine peut-être comparable à cette voûte céleste, où le soleil est la gloire du jour et les étoiles les grâces de la nuit, où des fleurs de feu, radiées et nuancées comme celles de la terre, passent chaque nuit, d'orient en occident, sur nos têtes ; fleurs semées sur les prairies bleues du ciel, et quelquefois mourantes aussi comme celles de terre.

Et ce spectacle grandiose et si varié est régi par

une loi unique ; celle de l'*attraction*, qui n'est pas
sans analogie avec les merveilles de la *chaleur*,
de la *lumière* et de l'*électricité*, dont nous allons
essayer d'expliquer les intéressants mystères.

III

MERVEILLES DE LA CHALEUR

Suivant un grand nombre de physiciens, le *calorique* est la matière même du feu; c'est un fluide
très subtil et sans pesanteur, qui pénètre tous les
corps sans exception, et qui peut se combiner plus
ou moins avec eux. C'est le dégagement de ce fluide
qui cause la sensation de la *chaleur*.

Suivant ses divers degrés d'abondance et d'intensité, il dilate les corps, il les fait ensuite passer
à l'état liquide, et enfin il les convertit en gaz; l'or
lui-même est réduit en vapeurs par le calorique des
rayons solaires, rassemblés au foyer d'une puissante lentille ou d'un grand miroir concave.

Sans le *calorique*, il est probable qu'il n'existerait aucun *fluide*; toutes les molécules de la
matière obéiraient à leur attraction mutuelle, et
se rapprocheraient de manière à ne former que
des corps solides, comme nous le pouvons voir par
l'exemple de l'eau et même du mercure, qui devien-

nent des corps durs par la soustraction d'une partie du *calorique* dont ils sont pénétrés.

Quand un corps passe de cet état solide à la fluidité, il absorbe une quantité de *calorique* souvent très considérable. L'expérience nous apprend que, pour faire fondre une livre de glace qui est à la température de zéro, il faut une livre d'eau à la température de soixante degrés, c'est-à-dire, qui ait les trois quarts du *calorique* qui suffirait pour la rendre bouillante; et quand la glace est fondue, le mélange se trouve réduit à la température de *zéro*, de sorte que la glace, pour passer à l'état liquide, absorbe soixante degrés de calorique qui se combinent avec l'eau. Et lorsque le calorique se trouve dans un état de combinaison, il est tellement enchaîné, qu'il n'a nulle influence ni sur les sens, ni sur le thermomètre.

Quand un liquide passe à l'état de vapeurs, il absorbe également une grande quantité de *calorique*: c'est par là qu'on explique le refroidissement qu'éprouvent les corps sur lesquels se fait l'évaporation. Tout le monde connaît l'expérience triviale de faire rafraîchir une bouteille de vin en l'exposant au soleil, enveloppée d'un linge mouillé. Plus l'évaporation est prompte, et plus le refroidissement est sensible; l'eau se convertit subitement en glace, dans un tube de verre sur lequel on fait évaporer de l'éther.

Rumford, Schérer, et d'autres physiciens célèbres, pensent que le *calorique* n'est point une substance

proprement dite ; ce n'est qu'une simple modification des corps, qui résulte des vibrations imprimées
aux molécules dont ils sont composés. Rumford a
fait bouillir de l'eau par le seul frottement rapide
et violent de deux pièces de métal plongées dans
cette eau, et il demande d'où émanerait ce calorique,
dont la source paraît inépuisable, quoique rien n'an-

Décomposition de la lumière.

nonce qu'il ait été fourni à l'eau aux dépens des
corps environnants.

Ce même physicien a fait diverses expériences
qui semblent prouver que les *liquides* ne sont nul-
lement conducteurs du calorique, et qu'ils ne s'é-
chauffent que molécule à molécule, et par un dépla-
cement successif; mais d'autres physiciens ont fait
des expériences qui paraissent prouver que les
liquides sont seulement moins bons conducteurs
du calorique que les corps solides.

Parmi les savants qui considèrent le *calorique*

comme une véritable substance, les uns le regardent comme une modification du *fluide lumineux*; d'autres disent que c'est un fluide absolument distinct, et ils rapportent en preuve de cette opinion, l'exemple d'une masse de fer ou autre corps semblable, qui peut se trouver éminemment pénétré de calorique sans être lumineux; de même qu'un corps très lumineux, tel que la lune et beaucoup de substances phosphorescentes, ne donne que de la lumière sans le moindre signe de chaleur

Suivant le célèbre Herschel, le *calorique* émane, ou, suivant son expression, *rayonne* du soleil, en même temps et avec la même rapidité que la lumière, et il est plus ou moins mêlé avec les différents rayons lumineux.

Il paraîtrait, d'après ses expériences, qu'il émane du soleil une grande quantité de rayons qui sont purement *calorifiques* sans être visibles; que parmi ces rayons, il y en a qui ont les divers degrés de réfrangibilité des rayons lumineux, et d'autres qui sont moins réfrangibles que les rayons rouges eux-mêmes; et il paraît que ces rayons invisibles sont les plus nombreux ou les plus énergiques, puisqu'ils produisent le plus grand effet sur le thermomètre.

Herschel, d'après différentes considérations, pense néanmoins que les rayons *lumineux* ne sont point essentiellement différents des rayons *calorifiques*; il croit inutile d'admettre deux causes quand une seule paraît suffisante. La *chaleur rayonnante* lui paraît être composée de *lumière invisible*, c'est-à-

dire de rayons venant du soleil avec une modification qui les rend incapables d'affecter notre vue.

Dans le cours de ses observations sur le disque
du soleil, il a reconnu que les verres colorés en
rouge interceptent fort bien la lumière, mais qu'ils
transmettent à l'œil une chaleur intolérable ; les
verres de couleur *verte* sont ceux qui transmettent
le moins de chaleur.

Il me semble qu'on pourrait faire une application
avantageuse de cette observation pour les serres
chaudes et les orangeries : l'intention est d'y ras-
sembler, autant qu'on peut, le *calorique* avec le
moins de dépense possible ; et lorsqu'on emploie,
suivant l'usage, des verres d'une couleur verdâtre,
on va directement contre son but, puisque les
verres de cette couleur interceptent les *rayons
calorifiques ;* il faudrait donc employer au vitrage
des serres chaudes, des verres colorés en *rouge,*
qui transmettent si bien les rayons de cette espèce.

Les rayons directs du soleil ont très peu d'énergie
calorifique : ce n'est que par les différentes réflexions
qu'ils l'acquièrent à un certain point. C'est pour
cela que, même au solstice d'été, ils n'ont pas la
force de fondre la neige sur les hautes montagnes,
attendu qu'ils sont dispersés dans un air libre et
fort rare, où rien ne les réfléchit ; mais lorsque, par
quelque circonstance particulière, ils s'y trouvent
assemblés et accumulés dans un même espace, ils
ont autant d'énergie que dans la plaine ; c'est ce
que prouve l'expérience que Saussure a faite sur le

Cramont, le 10 juillet 1774, à une élévation de mille quatre cent deux toises.

Il exposa au soleil, depuis deux heures jusqu'à trois, une boîte doublée de liège noirci, et dont l'ouverture était formée par trois glaces, placées à quelque distance l'une de l'autre ; le thermomètre contenu dans cette boîte monta jusqu'à 70 degrés, peu s'en faut, la température de l'eau bouillante ; quoique en plein air, la chaleur ne fut que de cinq degrés.

Le même observateur est parvenu, au moyen d'un appareil fort ingénieux, à reconnaître qu'il faut six mois entiers pour que le calorique des rayons solaires pénètre dans l'écorce de la terre jusqu'à la profondeur de trente pieds, de sorte que le plus grand degré de chaleur s'y manifeste au solstice d'hiver.

Ce qu'il y a de certain, c'est que dans les contrées boréales, telles que la *Sibérie*, le *calorique solaire* ne pénètre jamais le sol avec assez d'énergie pour fondre la glace au-dessous de deux ou trois pieds tout au plus de la superficie. Les racines des arbres ne pénètrent jamais au-delà de cette profondeur ; et il y a une infinité d'endroits, même dans les plaines, où le dégel ne s'étend pas au-delà d'un pied : c'est ce que j'ai eu l'occasion d'observer différentes fois dans les fosses qu'on faisait pour enterrer les morts ; et dès qu'une fois les corps y sont déposés, on est sûr qu'ils s'y conserveront aussi longtemps que la température de ces contrées n'éprouvera pas de changement.

On a eu la preuve dans le rhinocéros qui était enseveli dans le sable à très peu de profondeur, sur les bords du *Viloui*, qui se jette dans la Léna, à 64 degrés de latitude, où il gisait probablement depuis une longue série de siècles.

Il fut découvert par des chasseurs de zibelines, au mois de décembre 1771, et il était si bien conservé, que les cils de ses paupières n'étaient pas même tombés, ainsi qu'on peut le voir à sa tête, qui est conservée avec un de ses pieds, dans le *Muséum* de l'académie de Pétersbourg, où ces restes furent envoyés après avoir été soigneusement desséchés.

La *lumière* et le *calorique* ont des propriétés communes et des propriétés qui les distinguent. Le phosphore, le diamant, le bois pourri, les matières animales en putréfaction, les insectes et les vers lumineux offrent souvent une *lumière* très vive, sans exciter sur nos organes aucune sensation qui atteste la présence du *calorique;* d'un autre côté, presque tous les corps naturels peuvent, sans devenir lumineux, être échauffés au point de nous faire éprouver la sensation de la chaleur.

Ces considérations suffisent pour nous empêcher de confondre ces deux substances, que nous regardons cependant comme un seul et même élément différemment modifié. Voici les motifs qui nous paraissent appuyer cette opinion :

La chaleur paraît étroitement unie avec la *lu-*

mière dans les rayons solaires. Les corps qui réfléchissent la *lumière* en grande abondance s'échauffent lentement; ceux que la *lumière* pénètre en
plus grande quantité s'échauffent plus promptement.

Lumière blanche.

Plusieurs corps chauds répandent de la *lumière*
si la chaleur reçoit un nouveau degré d'activité;
et la *lumière* disparaît du moment que la chaleur
diminue. Nous voyons chaque jour la fumée se
changer en flamme si l'on augmente la chaleur, et
un fer incandescent cesser de répandre la *lumière*
lorsque la chaleur diminue.

Différentes pierres calcinées, après avoir été exposées au soleil, luisent dans l'obscurité; la *lumière*
qu'elles répandent diminue graduellement, et finit
par s'éteindre; mais on peut la renouveler plusieurs
fois en exposant ces corps à l'action des rayons
solaires.

Plusieurs pierres jouissent de la même propriété sans leur faire éprouver aucune calcination, soit qu'on les soumette à l'influence directe des rayons solaires, soit qu'on les expose pendant quelque temps à la *lumière* du jour; dans toutes ces substances pierreuses, la *lumière* ne se communique pas sans chaleur; il paraît même que l'activité de la chaleur est proportionnée à la vivacité de la *lumière*.

En vain dira-t-on que la *lumière* de la lune, concentrée, n'a jamais produit de la chaleur. La lune ne réfléchit qu'une très petite partie de la *lumière* qui lui vient du soleil, comme le démontre l'obscurité apparente d'une grande partie de la surface de la lune; et cette partie de *lumière* réfléchie par la lune, s'affaiblit ensuite considérablement avant de parvenir jusqu'à nous : il n'est donc pas étonnant qu'elle ne puisse pas produire une chaleur sensible.

De ce que nous observons tous les jours des corps qui produisent de la chaleur sans produire de la *lumière* apparente, on ne peut pas conclure qu'il n'y a pas réellement de lumière produite. Car souvent une *lumière* faible ne nous est pas visible, tandis qu'elle frappe vivement des yeux mieux organisés; il peut donc y avoir de la *lumière* quoiqu'on ne l'aperçoive pas, surtout si elle part d'un corps lumineux en trop petite quantité.

De même, la chaleur peut être tellement diminuée dans les corps qu'elle ne nous soit pas sensible; car il arrive souvent que nous ne sentons pas dans un temps une chaleur qui, quoique diminuée, fait dans un autre temps une impression sensible sur nos organes. Nous ne pouvons donc point assurer qu'il n'y a pas de chaleur dans les corps lumineux quoiqu'elle ne soit pas sensible.

Lorsque la *lumière* tombe sur les corps, ceux-ci la réfléchissent en partie, et d'une manière d'autant plus régulière, que leur surface et plus polie. L'expérience atteste qu'alors l'angle de *réflexion* est égal à l'angle d'*incidence*, et c'est sur ce principe qu'est fondée toute la théorie des miroirs.

Parmi les rayons qui ne sont pas réfléchis par un corps, les uns y pénètrent et y souffrent des réflexions et des réfractions, jusqu'à ce qu'enfin ils se combinent avec les molécules du corps même. Ces rayons combinés sont employés à échauffer les corps. De là vient sans doute qu'un corps s'échauffe d'autant plus vite qu'il réfléchit moins de *lumière*; de là vient qu'un corps blanc, qui réfléchit presque tous les rayons dont il est éclairé, s'échauffe plus lentement que tous les autres.

Les rayons qui échappent à la réflexion et à la combinaison, ne se détournent point de leur route rectiligne; ils se fraient à travers le corps une route libre et facile. On les appelle *rayons transmis.*

Lorsque la *lumière* passe obliquement d'un milieu dans un autre de différente densité, elle se réfracte, c'est-à-dire qu'elle se détourne de sa route rectiligne, et le sinus de l'angle de réfraction est dans un rapport constant avec le sinus d'incidence. C'est cette importante vérité qui a donné naissance à l'heureuse invention des lunettes, des microscopes, des télescopes, en un mot de tous les instruments dont l'optique s'est enrichie.

Si un rayon solaire est transmis à travers un prisme et reçu ensuite sur le mur blanchi d'une chambre obscure, il se disperse, et forme une image oblongue teinte de différentes couleurs.

Les rayons qui, par la réfraction, sont les moins détournés de la route rectiligne, sont rouges; les autres couleurs suivent dans cet ordre : l'orangé, le jaune, le vert, le bleu, l'indigo, le violet; les rayons de cette dernière couleur sont ceux qui ont la plus grande réfrangibilité.

De cette expérience et de beaucoup d'autres dont le détail nous mènerait trop loin, Newton a conclu : que la *lumière* se décompose à travers le prisme en un grand nombre de rayons de différente réfrangibilité; que chaque rayon plus ou moins fléchi par la réfraction a une couleur particulière et immuable, à laquelle différentes réfractions et réflexions ne peuvent, dans aucune circonstance, porter la plus légère atteinte.

Cette différente réfrangibilité des rayons fait voir pourquoi le soleil nous paraît rouge à l'horizon; car les rayons qu'il nous envoie traversent alors les couches inférieure de l'atmosphère, qui sont les plus

denses et les plus chargées de substances étrangères. Le plus grand nombre des rayons sont arrê-
tés dans leur marche rapide ; et les rayons rouges,
exclusivement doués d'une force suffisante pour
triompher de ces obstacles, parviennent isolés à
l'organe de la vision.

Disque de Newton.

Les mêmes principes ont conduit Newton à dé-
voiler la cause de ces couleurs variées dont les productions de la nature nous présentent le spectacle.
Les rayons de *lumière* tels qu'ils viennent du
soleil, ont une couleur qui leur est propre, et
qu'ils ne peuvent perdre dans aucune circonstance.

Il n'en est pas ainsi des corps naturels : les

3.

couleurs sous lesquelles ils s'offrent à nos regards s'altèrent à la longue; elles changent suivant qu'on considère les corps par des rayons réfléchis ou par des rayons transmis, suivant la différente épaisseur des lames dont les corps sont formés, enfin suivant les différentes modifications qu'on fait éprouver aux éléments qui les composent. Ces assertions ne sont point le résultat chimérique d'une de ces hypothèses que l'imagination enfante, et que la physique moderne rejette; elles reposent sur des expériences aussi ingénieuses que probantes que Newton a faites le premier, et que la plupart des physiciens après lui ont répétées avec soin.

Un corps nous paraît donc rouge, ou jaune, ou violet, suivant que la disposition et l'épaisseur de ses lames le rend propre à réfléchir à nos yeux les rayons rouges, ou jaunes, ou violets, en plus grand nombre que les autres. Un corps nous paraît blanc, lorsqu'il réfléchit à nos yeux un mélange bien assorti des rayons de différente couleur; enfin, un corps nous paraît noir lorsque presque tous les rayons le pénétrent, et que conséquemment il en réfléchit très peu. Il serait parfaitement noir s'il ne réfléchissait aucun rayon.

La *lumière* a sur la végétation une influence remarquable; les plantes qui sont privées du contact de la *lumière solaire* sont fades, blanches, étiolées, tandis que celle qui sont exposées à son action ont de la couleur et une saveur plus au moins considérable. Cela vient, sans doute, de ce que la *lumière* décompose l'eau dont la présence est si nécessaire à la végétation, se combine avec l'oxygène qu'elle fluidifie, tandis que l'hydrogène fournit aux plantes qui l'attirent une partie de leurs principes constituants dont elles reçoivent la combustibilité et la saveur. Le carbone, autre principe élémentaire des plantes, leur est aussi offert par la décomposition de l'acide carbonique, opérée par la *lumière* qui, en s'emparant de l'oxygène, isole le carbone, et favorise ainsi la tendance qu'ont les végétaux a s'approprier cette substance combustible. Ces faits ne nous permettent pas de douter qu'il existe entre l'*oxygène* et la *lumière* une attraction considérable. C'est en vertu de cette force que la *lumière* fait passer l'acide nitrique à l'état d'acide nitreux, et le gaz acide muriatique oxygéné à l'état d'acide muriatique, en leur enlevant une partie de leur oxygène.

Il est donc évident qu'il y a une grande analogie entre la lumière et le *calorique,* dont l'effet produit la *chaleur* ou le *feu.*

Un des effets remarquables de la chaleur sur tous les corps, c'est le changement de volume qu'elle y produit. En général un corps qui s'échauffe augmente de volume, c'est ce qu'on appelle la *dilatation*; un corps qui se refroidit diminue de volume, c'est ce qu'on appelle *contraction.* L'une et l'autre se font suivant les trois dimensions des corps. Ce sont ces effets que l'on a pris pour mesure de la chaleur

sensible ou de la température des corps, et les instruments imaginés dans ce but ont reçu le nom de
thermomètres.

Cet instrument de physique, qui sert à faire connaître et à mesurer les degrés de chaleur et de froid,
a été inventé, en 1600, par Corneille Drebbel, hol-

Thermomètre.

landais, mort à Londres en 1634. Ce thermomètre,
très imparfait, consistait en un tube de verre, terminé d'un côté par une boule et ouvert à l'extrémité
opposée. On le plongeait par cette même extrémité
dans une liqueur colorée, puis, en appliquant la
main sur la boule, pour chauffer et dilater l'air
intérieur, ou déterminait une portion de cet air à
s'échapper à travers la liqueur, en sorte que, quand
on retirait ensuite la main, l'air qui restait, venant
à se condenser par le refroidissement, permettait à
la liqueur de s'introduire jusqu'à une certaine hauteur par la pression de l'air extérieur. Bientôt les

physiciens s'occupèrent de perfectionner cette première ébauche, et d'amener l'instrument à n'être plus qu'un simple thermomètre : tel était celui qu'on a nommé *thermomètre de Florence*, et qui consis..; dans un tube de verre, terminé de même par une boule, mais que l'on scellait hermétiquement par le haut, après l'avoir rempli d'une liqueur colorée jusque vers le milieu de sa hauteur. Depuis, Réaumur perfectionna le thermomètre ; la construc- de son instrument fut généralement accueillie ; on ne parla plusque du thermomètre de Réaumur, et il se forma une liaison si intime entre les noms de l'inventeur et celui de l'instrument, que les thermomètres dont nous nous servons sont appelés *thermomètres de Réaumur* quoiqu'ils ne soient pas faits d'après sa méthode.

La marche du thermomètre moderne usité en France se rapporte à deux termes fixes, dont l'un, qui sert de point de départ, ne diffère de celui qu'employait Réaumur qu'en ce que l'eau, dont la température détermine ce même terme, est à l'état de glace fondante, et non à l'état de congélation commencée ; l'autre, qui donne la limite opposée, est la chaleur de l'eau bouillante. On divise d'abord en 80 degrés la distance comprise entre les deux termes fixes, puis on continue la même division au-dessous de zéro. Dans le thermomètre que l'on appelle *centigrade*, cette distance est divisée en 100 parties.

L'expérience nous démontre que les métaux sont

susceptibles de dilatation pendant les grandes chaleurs, et de condensation pendant les grands froids.
Cette observation a donné à Bréguet l'idée d'un thermomètre métallique composé d'une spirale en acier,
à l'une des extrémités de laquelle est placée une aiguille qui marque sur un cadran les variations de
température les plus légères et qui paraîtraient insensibles sur un thermomètre ordinaire.

Plusieurs physiciens, et notamment M. Gay-Lus-
sac, ont indiqué les meilleurs procédés pour cons-
truire d'excellents thermomètres.

C'est ainsi qu'on a pu constater les divers degrés
de chaleur dans des circonstances utiles. Ainsi la
température de l'ébullition varie selon la nature des
liquides. Tandis que l'eau bout à cent degrés, l'esprit de vin bout à 78, l'éther à 37, et le mercure au
contraire ne bout qu'à 350 degrés.

La température à laquelle bout un liquide change
d'ailleurs avec la pression qu'il supporte ; aussi,
quand on s'élève sur les montagnes, voit-on la température de l'ébullition s'abaisser d'une manière notable. A Briançon, par exemple, la ville la plus éle-
vée de l'Europe, l'eau bout à 95 degrés.

Lorsqu'un corps se liquéfie sans qu'on lui four-
nisse de chaleur, il se refroidit: c'est ce qui arrive
ordinairement dans la dissolution; aussi, en mélan-
geant des corps solides qui se liquéfient mutuellement, obtient-on un froid souvent très considérable:
avec le sel de cuisine et la neige, on produit un
froid d'environ 17 degrés au-dessous de zéro.

De même l'évaporation est une cause de refroidissement pour le liquide et pour le vase qui contient ce liquide.

En sens inverse, une vapeur qui devient liquide
fait dégager de la chaleur. Ainsi la pluie est par
elle-même une cause d'échauffement pour la contrée où elle tombe.

C'est l'évaporation qui maintient à peu près
invariable la température des corps animés, la-

Alambic.

quelle, comme on sait, ne change pas avec les
saisons.

En effet, ces corps cèdent à l'air plus de vapeur
par un temps chaud que par un temps froid; en
sorte que le refroidissement dû à l'évaporation
compense l'effet de la chaleur atmosphérique.

Tous les corps émettent des rayons de chaleur qui se propagent avec une extrême rapidité.

On démontre l'existence de ces rayons, d'abord directement en recevant l'impression subite d'un foyer de chaleur, puis à l'aide de miroirs concaves qui concentrent les rayons en un point déterminé, nommé *foyer*, où ils produisent une chaleur si intense qu'elle est capable d'enflammer ou de fondre certaines matières, ce qui prouve encore que les rayons de chaleur sont susceptibles de réflexion comme la lumière.

Cette chaleur, dite *rayonnante*, est en partie absorbée, et en partie réfléchie. Le pouvoir rayonnant, ou pouvoir *émissif*, existe indistinctement dans tous les corps; on oppose à ce dernier le pouvoir *absorbant* qui est en action continuelle pour pour réparer les pertes du premier. En outre, les corps ont en général un pouvoir *réfléchissant*, par lequel ils renvoient, sans l'absorber, une portion plus ou moins grande de la chaleur rayonnante qu'ils reçoivent des surfaces environnantes.

Le pouvoir émissif et le pouvoir absorbant sont égaux entre eux, c'est-à-dire que les rayons trouvent la même facilité à sortir d'un corps qu'à y pénétrer; par conséquent, ce sont les métaux polis qui ont les moindres pouvoirs émissifs et absorbants, comme jouissant au plus haut degré du pouvoir réfléchissant : C'est ce qui explique pourquoi ils s'échauffent et se refroidissent beaucoup plus lentement que les autres corps.

Dans une enceinte où la température est uniforme, le rayonnement n'en existe pas moins, et tous les points reçoivent autant de rayons qu'ils en émettent. S'il se trouve des corps à des températures différentes, les plus chauds rayonnent plus qu'ils ne reçoivent et, par conséquent se refroidissent; au contraire les corps froids, recevant plus de rayons qu'ils n'en émettent, se réchauffent; et cet échange inégal à lieu jusqu'à ce que l'équibre soit rétabli.

La formation de la rosée est un des effets du rayonnement nocturne vers les espaces célestes.

Quand le ciel est serein, la surface du sol rayonne vers le ciel qui lui envoie moins de chaleur; en sorte que la terre, dont le pouvoir émissif est considérable, arrive à une température bien inférieure à celle de la couche d'air en contact; alors une partie de la vapeur contenue dans cette couche repasse à l'état liquide, et se forme en gouttelettes à la surface de la terre et de la plupart des corps qui s'y rencontrent.

La présence des nuages est un obstacle à la production de la rosée; parce que ces nuages interceptent tout ou partie des rayons caloriques qui de la terre iraient se perdre dans l'espace, et les renvoient vers le sol. Il suffira donc d'abriter un lieu quelconque pour qu'il ne s'y dépose pas de rosée, et de couvrir des plantes pour les garantir de la gelée, qui n'est autre chose que la rosée parvenue à la température de la glace.

Lorsque les corps passent d'un état à un autre, ils absorbent ou dégagent une certaine quantité de chaleur sans que leur température subisse aucune variation apparente. Si on mêle un kilog. de glace et un kilog. d'eau à 75 degrés de chaleur, on obtient après la fusion complète de la glace, 2 kilog. d'eau à la température de zéro degré ; ainsi la glace s'est fondue, mais elle n'a pas changé de température, et pourtant l'eau chaude a perdu 75 degrés de chaleur, laquelle a été absorbée par la glace : cette chaleur, absorbée et comme disséminée dans la masse liquide résultant de cette fusion, a reçu le nom de *chaleur latente* (de *latere*, *être caché*) par opposition à la chaleur sensible ou thermométrique qui produit des sensations sur nos organes.

C'est ainsi qu'on produit des froids intenses par le mélange de deux corps susceptibles de se liquifier mutuellement. La glace et le sel de cuisine réagissent l'un sur l'autre, et se liquéfient en produisant un froid d'environ 20 degrés sous zéro : c'est ce qu'on appelle un *mélange réfrigérant*.

On en connaît en chimie qui procurent des froids encore plus intenses.

On produit un froid assez considérable en faisant dissoudre dans l'eau du nitrate d'ammoniaque ; ce froid est capable de congeler l'eau que contient un vase placé au milieu de ce réfrigérent, et c'est ainsi que l'on se procure de la glace en été.

Ces effets admirables de la chaleur se constatent

mais ne s'expliquent pas toujours. Ainsi pour les métaux par exemple, en passant de la température de la fusion de la glace à celle de l'eau bouillante, le *fer* s'allonge d'environ 0,^{m}0012, le cuivre et le laiton de 0,^{m}0018, l'étain et le zinc de plus de 0,^{m}003.

On met à profit cette inégale dilatation des métaux pour faire ce qu'on appelle des *pendules compensateurs*.

Un balancier simple augmente ou diminue de longueur suivant la température, et cette action a pour effet de faire marcher l'horloge plus vite dans les temps froids, et plus lentement au contraire dans les chaleurs.

Le balancier compensateur, composé de pièces de divers métaux à dilatation inégale et disposées de manière à se dilater en sens contraire, corrige ce défaut à peu près complètement et l'on a maintenant des moteurs et des pendules qui ne varient que de quelques secondes en une année.

Par l'accumulation de la chaleur dans les corps, on les fait passer en général de l'état solide à l'état l'état liquide, ce qui est le phénomène de la liquéfaction ou fusion.

Réciproquement en refroidissant les liquides, ils reviennent à l'état solide, ce qui est le phénomène de la solidification.

Ce double changement d'état a aussi lieu sans variation de température, et par le seul effet du contact ou de la séparation des deux corps.

Ainsi, le sucre se liquéfie dans l'eau à toute température, et se solidifie de nouveau par l'évaporation de l'eau.

La chimie offre une foule d'exemples de pareils phénomènes, auxquels on donne les noms de *dissolution*, de *précipité*, de *cristallisation*, etc.

A mesure qu'un liquide se refoidit, son volume diminue, sa densité augmente, et quelquefois la solidification vient surprendre le liquide qui n'a

Recomposition de la lumière au moyen d'une lentille bi-convexe.

pas cessé de se condenser. D'autres fois le volume liquide diminue jusqu'à une certaine température, pour se dilater à des températures inférieures avant le terme de la solidification.

Ainsi, l'eau se condense par refroidissement jusqu'à 4 degrés, puis elle augmente de volume depuis 4 degrés jusqu'à zéro, qui est le point de glace ; ont dit alors que le maximum de densité de l'eau arrive à 4 degrés.

Ce maximum de densité, avant le passage à l'état solide, a lieu certainement pour un grand nombre d'autres corps, puisqu'on les voit nager à l'état solide dans une partie de la même matière à l'état fluide ; mais ce phénomène n'a bien été examiné que pour l'eau.

Le passage des liquides à l'état de vapeur exige beaucoup de chaleur, qui devient latente et reparaît lors de la liquéfaction.

La *condensation*, ou passage de la vapeur à l'état liquide s'opère soit par un excès de pression extérieure, soit par le refroidissement, soit par le concours de ces deux causes.

La distillation est une opération double, par laquelle on réduit une matière, solide ou liquide, à l'état de vapeur, pour faire repasser cette vapeur à son état primitif de solide ou de liquide, mais en un lieu différent. Elle a pour but de séparer cette matière des autres matières avec lesquelles elle se trouvait mélangée ou combinée chimiquement.

L'appareil qui sert à la distillation se nomme *alambic*. Il se compose de deux parties : l'une où l'on produit l'évaporation de la matière à l'aide d'une chaleur appliquée extérieurement, l'autre où la vapeur ainsi dégagée vient se condenser ; ces deux parties de l'alambic sont quelquefois immédiatement superposées l'une à l'autre, mais ordinairement on les fait communiquer par un long col ou tube légèrement incliné.

Nous n'en finirions pas si nous voulions analyser toutes les merveilles et les effets produits par la *chaleur :* il nous faudrait faire l'histoire entière de la création.

Le mélange des éléments discordants, que la main divine doua d'affinités diverses, dût occasioner d'abord des ébullitions effroyables dans le limon de cette terre encore virginale ; les gaz, les exhalaisons qui se développèrent sous les couches du globe, en soulevèrent des portions, formèrent de profondes cavernes, des fentes, des précipices, de noirs abîmes, de même que nous voyons le levain remplir la pâte de cavités et lui communiquer un mouvement intérieur.

On ne peut pas douter que les diverses matières qui composent aujourd'hui notre terre, ne soient le résultat de ces mêmes combinaisons, et que celle-là même que nous trouvons simples, ne soient encore des combinaisons plus intimes que l'art de l'homme ne peut pas détruire. Chaque jour la nature compose et décompose encore, de telle sorte que nous ne pouvons point savoir où elle doit s'arrêter ; la croûte du globe étant exposée aux influences de l'eau, de l'air, de la chaleur et de l'électricité, a dû se combiner d'une infinité de manières. Tantôt se soulevant en montagnes fumantes, la terre a vomi ces laves embrasées dont regorgent ses entrailles ; tantôt des mugissements souterrains font frémir le sol ; au sein des mers on voit soudain des îles élever au-dessus de l'onde leurs têtes volcanisées ; ici jaillissent des sources d'eaux brûlantes ; là, des monts qui se cachaient dans la nue s'écrou-

lent et disparaissent dans des lacs : c'est une fermentation universelle produite par le feu, la chaleur, les affinités, l'attraction et l'*électricité*, dont
nous allons continuer à étudier les effets mysté-
rieux et dignes de la plus grande admiration.

IV

Mystère de l'Électricité

Les physiciens ne disent point en quoi consiste
l'essence de la matière électrique ; ils ne la définis-
sent que par des propriétés et n'en expliquent que
les effets. Tous cependant conviennent qu'il existe
une matière électrique très fluide et très subtile,
rassemblée autour des corps électrisés, et qui par
ses mouvements, est la cause des effets de l'électricité que nous apercevons.

Les anciens avaient remarqué qu'une substance
que nous nommons *ambre* ou *succin* et que les
Grecs appelaient *électron*, devient, par le frottement
susceptible d'attirer les corps légers comme des
barbes de plumes; et du nom de l'ambre ou *électron*,
sur lequel on a observé cette propriété, est venu celui
d'électricité, qui a été donné à ce phénomène singulier.

Le frottement n'est pas le seul moyen de développer

de l'électricité dans les corps : la chaleur, la pression, le contact, en produisent dans des circonstances convenables sur un certain nombre d'entre eux, et l'on a mis le dernier mode à profit pour l'industrie, comme nous le verrons bientôt au sujet dela *galvanoplastie*.

Quelques substances naturelles reçoivent la vertu électrique des mains de la nature par des moyens qui nous sont encore inconnus; elles paraissent constamment dans l'état électrique. Telle est une espèce de poisson du genre des raies qu'on trouve sur les côtes de France, et qui porte le nom de *torpille*, parce qu'elle engourdit la main de celui qui la touche. D'autres poissons, tels que le *trembleur du Niger et l'anguille de Surinam*, jouissent de la même propriété.

Des expériences répétées ont attesté de la manière la moins équivoque l'existence de deux sortes d'électricité, l'une *positive*, l'autre *négative*, qui admettent entre elles une différence sensible, ou même une espèce d'opposition quant aux effets qu'elles font naître.

C'est au célèbre Dufai que nous devons cette importante découverte ; elle a servi à poser les fondements de la science, à reconnaître les lois qui maîtrisent les phénomènes d'attraction et de répulsion, et à expliquer leurs bizarreries apparentes.

Suivant Franklin, tous les corps de la nature contiennent une certaine quantité de fluide électrique; ils sont alors dans leur état naturel, et ils ne donnent aucun signe d'électricité.

Ils acquièrent *l'électricite positive* en acquérant une surabondance de fluide électrique; ils ont *l'électricité négative* s'ils perdent une portion de leur fluide naturel.

L'existence de la vertu électrique, dans cette masse fluide qui environne notre planète, n'était

Machine électrique.

d'abord qu'un simple soupçon. Conduit par le fil de la théorie, Franklin lui imprima tous les caractères de la certitude: il conçut et effectua le projet d'élever un appareil électrique jusque dans les régions des nuages, d'arracher le fluide électrique à l'atmosphère, de le substituer à nos machines, et

4

d'obtenir, sans leur secours, la plupart des effets qu'elles font naître.

Il importe d'observer que l'électricité ne pénètre par les corps dans lesquels on la développe, ou sur lesquels on la fait passer. C'est seulement à leur surface qu'elle se trouve répartie; de sorte que c'est de l'étendue de cette surface que dépend la quantité d'électricité que l'on peut accumuler sur un corps.

D'après cela, les appareils destinés à recevoir le fluide électrique peuvent être composés de quelque matière que ce soit, pourvu que la surface soit recouverte d'une feuille de métal.

On a remarqué que les *pointes* ont la propriété de donner écoulement à l'électricité, ou, comme on dit, de la *soutenir*.

La couche électrique, devenant là, plus épaisse qu'ailleurs, acquiert assez de force pour vaincre par sa pression la résistance de l'air.

Un corps électrisé exerce à distance sur un autre qui ne l'est pas une action très remarquable, décompose le fluide naturel de celui-ci, attire l'électricité de même nom, de manière que tant que ce corps se trouve dans la même condition, il se trouve partagé en deux parties, dont l'une renferme l'électricité vitrée ou positive, l'autre l'électricité résineuse ou négative.

Cette électrisation par *influence* est souvent produite par la foudre, qui en tombant sur la terre, peut tuer non seulement les individus qu'elle frappe, mais encore ceux qui sont placés à une assez grande distance, par la rapidité avec laquelle elle décompose le fluide naturel du sol et des corps qui se trouvent dans sa sphère d'action. Cet effet porte le nom de *choc en retour*.

L'électricité répandue dans l'atmosphère donne lieu à plusieurs phénomènes ; d'abord c'est l'origine des éclairs et de la foudre; ensuite elle entre pour beaucoup dans la formation de la grêle; elle apparaît encore dans les trombes et dans l'aurore boréale : météores intéressants que nous expliquerons en détail dans un autre volume.

L'atmosphère est dans un état électrique habituel. Par un temps calme et serein, elle possède un excès d'électricité positive qui varie, soit pendant le jour, soit d'une saison à l'autre.

On a expliqué de bien des manières l'origine de cette électricité. On l'a attribuée tour à tour à l'évaporation de l'eau, au frottement de l'air contre le sol, à la végétation, aux compressions et dilatations de l'air et autres causes.

On peut cependant admettre avec quelque apparence de vérité, que l'électricité, d'abord disséminée dans l'atmosphère, compose de petites couches tout autour des gouttelettes d'un nuage. Lorsque les gouttes ont acquis une certaine grosseur, et qu'elles sont assez rapprochées les unes des autres, leurs couches électriques, qui se sont accrues, peuvent se déverser de proche en proche, et venir former une couche unique à la surface du nuage. Dans cet état, la couche électrique exercera une puissante action tant sur les nuages voisins que sur les objets placés à la surface du sol, et la pression de la couche finira par vaincre la résistance de l'air, ce qui donnera écoulement au fluide électrique sous forme de grosses étincelles, qui sont les éclairs.

En lançant un cerf-volant dans les nuages orageux, Franklin, et après lui d'autres physiciens, ont pu soutirer de ce nuage des étincelles électriques redoutables, qui partaient avec le bruit d'une arme à feu. L'éclair n'est donc qu'une étincelle au moyen de laquelle l'électricité se distribue d'une manière nouvelle entre l'atmosphère et la masse solide du globe. Sa forme habituelle est en zigzag, et sa longueur atteint parfois une lieue.

Tout le monde connaît le pouvoir destructeur de ce terrible météore : il tue les hommes et les animaux, il consume les arbres, il incendie les habitations, il fond ou réduit en poussière les matières métalliques et pierreuses qu'il trouve sur son passage.

Mais les propriétés de l'électricité ne se bornent pas seulement à des attractions et à des répulsions, à une recomposition du fluide naturel : elles comprennent encore les effets du *mouvement* sur lesquels reposent les décompositions chimiques et le télégraphe.

La faculté que possède le courant électrique d'opérer des décompositions chimiques apparut pour la première fois à Carlisle et à Nicholson, un jour que ces deux savants laissèrent tomber dans l'eau les conducteurs d'une pile en activité.

Comme ces conducteurs étaient formés de cuivre, métal oxydable, l'hydrogène seul se dégagea d'abord

Pile de Volta.

au pôle négatif, tandis que l'autre fil s'oxydait d'une manière manifeste.

Mais ayant bientôt substitué l'or au cuivre, les deux physiciens eurent la joie de voir pour la première fois l'eau se résoudre comme par enchantement en deux gaz, hydrogène et oxygène, qui se dé-

gageaient isolément et en proportions définies au·
tour des deux pôles.

Cette magnifique découverte a donné naissance
à l'électro-chimie, science sublime qui nous fait
assister aux étranges métamorphoses de la matière.

Dans certaines circonstances, l'étincelle électrique
favorise la séparation des éléments des corps organisés. D'autres fois, elle favorise la combinaison des
corps; ainsi une seule étincelle suffit pour transformer en eau, un volume de gaz oxygène et deux volumes de gaz hydrogène, phénomène d'autant plus
remarquable que nous venons d'établir la possibilié
de décomposer ce corps par le même agent.

Dans les diverses combinaisons et décompositions
chimiques opérées par le fluide électrique, on peut
faire les remarques suivantes : lorsque les deux fluides se combinent, il y a production de chaleur et
de lumière ; tous les corps composés, soumis à l'influence simultanée des deux fluides de la pile, sont
décomposés; enfin, au moment où la combinaison
s'opère, il y a dégagement d'électricité.

Deux métaux, mis en contact, forment ce qu'on
appelle une paire voltaïque, du nom de Volta, qui,
le premier, a réuni ces paires pour en former
une pile, où les électricités développées par les deux
métaux d'une paire se répandent de part et d'autre
sur tout le reste de la pile.

Lorsqu'une personne établit la communication
entre les deux pôles d'une pile, en y apportant à la
fois les deux mains, elle éprouve des commotions

électriques qui peuvent devenir insupportables si la pile est forte.

Mises à une petite distance l'une de l'autre dans l'eau, elles décomposent ce liquide comme nous l'avons vu ; mais il faut que les fils conjonctifs de la pile soient de platine ou d'autre métal difficilement oxydable. C'est ainsi que les courants électriques donnent lieu à une multitude de décompositions chimiques. Le charbon lui-même, placé dans le vide, devient alors resplendissant, bien qu'il ne se consume point : c'est par ce moyen qu'on fit les soleils électriques, d'où nous est venue peu à peu la lumière électrique dont on éclaire maintenant l'avenue de l'Opéra.

Mais voici bien d'autres merveilles. Les deux fils conducteurs d'une pile faible à courant constant, ou d'une simple paire voltaïque, étant terminés, le fil positif par une lame de cuivre et le fil négatif par un objet quelconque, si l'on plonge cette lame et cet objet en regard l'un de l'autre dans une dissolution de sulfate de cuivre, ce métal déposera lentement sur l'objet de manière à y former une couche plus ou moins épaisse et consistante. On pourra détacher cette couche de cuivre en totalité ou par partie, et obtenir ainsi un moule en creux, qui, placé à son tour au pôle négatif, reproduira exactement l'objet précédent, dont il n'était que l'empreinte.

C'est par cette double opération qu'on peut reproduire les médailles, les planches de cuivre gravées et autres objets à faces planes. C'est ce genre d'imitations ou d'empreintes qui forme l'objet de la *galvanoplastie*. S'il s'agit de *dorure* ou d'*argenture*, on fait déposer l'or et l'argent comme on vient de faire déposer le cuivre.

Mais ce n'est pas tout. On a trouvé qu'il existe une action réciproque entre les courants électriques èt l'aimant ; c'est à cette action, reconnue par Œrsted professeur à Copenhague, et dont les phénomènes ont été développés par Amperre professeur au collège de France, que nous devons les merveilles de la télégraphie moderne, par l'électricité.

Mais n'oublions pas que le véritable inventeur du télégraphe, c'est Claude Chappe, qui eût assez de courage et de persévérance pour le mettre à exécution et le faire universellement adopter.

C'est vers la fin de 1791 que l'abbé Chappe vint à Paris et s'y livra à des expériences publiques sur le systèmes auquel l'avaient conduit ses laborieuses recherches.

Après de nombreux mécomptes, il dut au crédit de son frère aîné, membre de l'assemblée législative, de pouvoir établir à ses frais trois postes télégraphiques.

Toute l'Europe civilisée nous imita bientôt. Seulement en Angleterre, en Suède, et généralement dans les pays brumeux, sù les signaux opaques sont rarement visibles, on remplaça l'appareil de Chappe par des fanaux placés derrière des volets mobiles, dont les combinaisons étaient assez variées pour offrir une multitude de signes.

La vitesse de transmission des dépêches par le télégraphe *aérien* ne pouvait être remplacée que par le télégraphe électrique : ainsi on recevait les nouvelles de Toulon à Paris (840 kilom.) en vingt minutes par cent télégraphes.

Sous ce rapport la télégraphie aérienne atteignait

Pile de Bunsen.

parfaitement son but; mais elle présentait un grand inconvénient, l'absence des signaux pendant la nuit et les brouillards; elle ne pouvait guère fonctionner que six heures par jour en moyenne.

On chercha à éclairer l'appareil pendant la nuit; mais les essais de télégraphie nocturne furent généralement infructueux, à l'exception de ceux de M. Château, qui vers 1845, était parvenu à faire fonctionner la ligne de Varsovie à Cromstadt.

Ces essais eussent évidemment réussi également chez nous, peut-être par l'emploi de la lumière électrique; mais déjà tous les esprits étaient occu-

4.

pés, à rechercher l'application plus directe de l'électricité à la télégraphie.

Ce fut Œrsted qui, en 1820, posa les bases, comme nous l'avons dit, en mettant en évidence les effets du courant voltaïque sur l'aiguille aimantée.

A quelque temps de là, Amperre écrivait : « On pourrait se servir dans certains cas de l'action de la pile sur l'aiguille aimantée pour transmettre des indications au loin. Il faut alors employer un fil conducteur assez gros, parce que le courant électrique s'affaiblit dans les fils fins, quand la longueur du circuit est considérable : cet inconvénient n'a pas lieu avec un fil d'un diamètre suffisant : alors l'aiguille se met en mouvement dès que l'on établit la communication. Nous ne nous arrêtons pas à développer les cas où ce genre de télégraphe présenterait quelque utilité et pourrait être substitué aux porte-voix et autres moyens de transmettre les signaux; il nous suffira de remarquer que cette transmission et pour ainsi dire instantanée..... Autant d'aiguilles aimantées que de lettres, qui seraient mises en mouvements par des conducteurs qu'on ferait communiquer successivement avec la pile à l'aide de touches de clavier qu'on baisserait à volonté, pourraient donner lieu à une correspondance télégraphique qui franchirait toutes les distances et serait aussi prompte que l'écriture ou la parole pour transmettre la pensée. »

OErstedt et Ampère, bien que se préoccupant à peine du télégraphe électrique, n'en fondaient pas

Télégraphe de Morse.

moins ainsi les bases sans lesquelles cet appareil ingénieux n'aurait jamais pu être réalisé.

Le télégraphe n'a pas encore dit son dernier mot et il laisse encore à désirer. Dans les diverses systèmes connus, l'opération est retardée par la nécessité de *composer* la dépêche à mesure qu'on l'expédie, c'est-à-dire, quel que soit le mode des signes que l'on adopte, il 'faut les reproduire un à un et assez lentement pour que l'employé puisse les lire.

Le progrès à faire, c'est de composer la dépêche à part, comme on compose une page d'imprimerie, et de n'avoir plus qu'à l'exposer à l'appareil pour que, d'un seul coup, elle soit transmise et reproduite à l'extrémité de la ligne, comme on tire une épreuve avec la machine à imprimer.

Ce résultat, presque incroyable au premier abord, est dans la mesure de nos moyens et déjà réalisé en grande partie.

La dépêche est écrite sur une bande de papier au moyen de poinçons qui font des trous répondant à un signe où à une lettre; il suffit de présenter cette bande ainsi trouée à l'appareil électrique pour que l'alternation des vides et des pleins détermine les interruptions du courant galvanique. Ces interruptions font mouvoir à l'autre extrémité un crayon ou un poinçon qui répète sur une bande de papier les chiffres tracés sur la première..... C'est là qu'est le véritable perfectionnement de la télégraphie électrique, et c'est vers ce but que nous conduiront forcément le développement de ce mode de correspondance et l'encombrement qui ne tardera pas à avoir lieu de dépêches arrivant de mille points à la fois.

Mais nous n'en avons pas fini avec les mystères de l'électricité. Une des découvertes les plus importantes de la fin du siècle dernier, est le *galvanisme*, qui fit naître une foule d'expériences neuves et très curieuses, qui exercèrent la sagacité des physiciens.

La simple juxtaposition, non pas de deux métaux, mais de deux corps différents, quels qu'ils soient, altère l'équilibre de l'électricité, et cette altération peut produire les mouvements les plus violents dans l'économie animale.

C'est *Galvani*, professeur de médecine à Bologne, qui a découvert l'action de cette électricité. M. Volta a démontré son origine et sa nature, et a enseigné à la renforcer indéfiniment, au moyen des piles dont nous avons déjà parlé. D'autres ont constaté sa puissance chimique.

Galvani donna la plus grande impulsion à cette science, par les expériences nombreuses et variées qu'il fit sur la grenouille, qui est éminemment sensible à l'influence de l'agent électrique.

Le hasard découvrit à Galvani la puissance de ce fluide. Ce professeur disséquait un jour une grenouille, tandis qu'une autre personne occupée d'expériences électriques, tirait les étincelles du conducteur. Les muscles de la grenouille, mis à nu, donnaient des signes sensibles de mouvement, toutes les fois que les nerfs étaient en contact avec

le scalpel qui faisait alors l'office d'un conducteur
métallique.

Il varia ses expériences, dépouilla une grenouille,
mit à découvert les nerfs qui descendent de l'épine
du dos dans les jambes, les enveloppa d'une feuille
d'étain, appliqua l'une des deux extrémités d'un
compas ou d'une paire de ciseaux sur la feuille

Expérience de Galvani.

d'étain, et toucha de l'autre un point de la surface
de la jambe ou de la cuisse de la grenouille. Ce
courant électrique excitait des mouvements con-
vulsifs dans les muscles, qui demeuraient immobiles lorsqu'on les touchait sans communiquer
avec la feuille d'étain qui enveloppait les nerfs. Le
même effet se produit sur une grenouille déca-
pitée ou même réduite à sa moitié inférieure,

Quelques physiciens prétendent que les contractions musculaires sont indépendantes de l'électricité métallique ; qu'il existe une autre sorte d'électricité qui donne naissance aux phénomènes galvaniques, et qu'ils nomment *électricité animale.*

Nous croyons devoir parler avec beaucoup de de réserve de ces cures merveilleuses opérées à la faveur du galvanisme, et auxquelles l'enthousiasme a eu peut-être autant de part, que la cause qu'on leur attribue. C'est aux physiciens qui consacrent leurs loisirs et leur talent au soulagement de l'humanité souffrante, qu'il appartient de multiplier les expériences qui doivent confirmer ou détruire cette doctrine.

Rappelons-nous ce qui arriva à l'époque où l'électricité fut appliquée pour la première fois à l'économie animale.

L'Europe savante ne tarda pas à retentir d'un grand nombre de guérisons miraculeuses dont l'Italie venait d'être le théâtre.

Mais ces brillants succès s'évanouirent bientôt avec l'enthousiasme qui leur avait donné naissance ; et tout le monde sut que l'influence de l'électricité, réduite à sa juste valeur, se bornait à offrir un remède utile pour les rhumatismes, les paralysies, et en général pour les maladies qui ont pour cause la stagnations des humeurs et l'engourdissement des parties.

Pour nous, il n'y a pas d'électricité animale. Le

corps de l'homme est électrisable comme d'autres corps, et un courant électrique peut y rétablir un certain équilibre.

L'électricité, la chaleur et la lumière ne sont probablement qu'un seul et même agent produisant des effets variés par une cause unique.

Comme l'atmosphère est agitée par des vents, des ouragans impétueux, ainsi la mer à ses tourmentes et ses tempêtes.

La plupart des mouvements qui s'opèrent au sein des airs ne sont produits que par des changements d'équilibre dans la chaleur ou l'électricité.

Ainsi l'air froid étant plus dense, et par conséquent plus pesant que l'air échauffé, doit le chasser et prendre sa place; ainsi l'air des pôles descend vers la zône torride, et l'air des hauteurs de l'atmosphère retombe dans les vallées. De même que la lune occasionne, avec le soleil, les marées de l'Océan, l'atmosphère a de même des marées aériennes. Il y a des vents réguliers tels que ceux des tropiques, ou vents alizés, qui règnent constamment pendant plusieurs mois, et qui changent ensuite.

A l'époque des chagements de saison, comme vers les équinoxes, l'atmosphère est troublée parce que les températures changent.

Mais la principale cause de tous les mouvements de l'atmosphère vient des changements d'équilibre dans l'électricicité. Ainsi à l'approche des orages,

il s'élève presque toujours des vents mugissants ;
et l'on en voit d'assez violents pour déraciner des
arbres, renverser les maisons, et exciter de furieu-
ses tempêtes sur l'Océan ; mais lorsque l'électricité de l'atmosphère a repris son équilibre, tout
redevient calme à l'instant.

La foudre est toujours accompagnée d'un violent
courant d'air, de même que l'étincelle électrique.

Les typhons, les trombes, ces vents tourbillon-
nants si terribles, sont des phénomènes semblables,
ainsi que ces bouffées brûlantes d'air qui étouffent
souvent les caravanes de voyageurs au sein de
l'Afrique.

Bouteille de Leyde.

Les montagnes étant des pointes électriques, établissent un échange d'électricité entre le globe terrestre et l'atmosphère ; c'est pour cela qu'elles attirent les nuages sur leurs cimes, font naître des vents,
et excitent souvent elles-mêmes les tempêtes qui les
foudroient.

Les vents ne me paraissent donc être rien autre chose, pour la plupart, que des masses d'air électrisées, soit en plus, soit en moins, qui cherchent à se mettre en équilibre avec un air chargé d'une quantité différente d'électricité; c'est pourquoi la direction des vents ne change pas seulement selon les obstacles qu'ils rencontrent, mais encore suivant l'électricité de l'air qu'ils trouvent dans leur route.

La dissolution de l'eau dans l'atmosphère, sa suspension en nuages, en brouillards, sa précipitation en pluies fécondes, en grêles dévastatrices, en neiges, en frimas, sont encore les résultats de l'électricité.

Pendant l'hiver, l'atmosphère électrisée en moins dans ses hauteurs, abandonne plus d'eau qu'elle n'en dissout; électrisée en plus pendant l'été, elle en dissout plus qu'elle n'en laisse tomber sur la terre.

Notre atmosphère est un vaste champ où la nature exerce en liberté sa toute puissance. Quelquefois on voit dans un ciel très pur se former peu à peu des nuages, et d'autres se fondre et disparaître par degrés.

L'air a la propriété de sécréter des nuages, de suer, pour ainsi dire, des brouillards; il peut par une opération inverse les absorber et les fondre.

Les vapeurs aqueuses sont plus ou moins dissolubles dans l'air, selon qu'il est plus ou moins électrisé et qu'il est plus chaud ou plus froid. La terre fournit à l'air diverses exhalaisons, et l'air en donne aussi à la terre : de là viennent les différences qu'on remarque aussi dans la nature de l'atmosphère en chaque pays et en chaque saison.

Au printemps, en été, et sous les tropiques surtout, la terre transpire beaucoup, et exhale ainsi une grande quantité de feu électrique ; en hiver et dans les contrées polaires, l'air secrète beaucoup de brouillards, ramène les exhalaisons vers la terre et lui rend l'électricité qui féconde ses entrailles. C'est pour cela que les frimas, les neiges de l'hiver, engraissent et fertilisent la terre comme les pluies du printemps.

Voyez comme les plantes abattues par les chaleurs de l'été et altérées par la sécheresse, reprennent tout à coup, après une ondée, la fraîcheur et la vie. Les pluies d'orage sont même beaucoup plus profitables aux végétaux que toutes les autres, parce qu'elles apportent avec elles un principe vivifiant qui ranime électriquement l'existence de tous les êtres.

Les variations subites de chaleur et de froid qui se remarquent dans l'air dépendent encore en très grande partie de l'électricité. On sait qu'elle augmente l'évaporation de l'eau, ce qui produit du froid puisque la chaleur est employé dans la vaporisation. Par une cause contraire, la diminution de l'électricité arrêtant la faculté dissolvante de l'air, la chaleur n'est plus employée et devient très sensible ; aussi un air renfermé est toujours plus chaud qu'un air agité, parce que le premier dissout moins promptement notre transpiration.

C'est encore par ce moyen que la nature opère le dégel et cette fonte si rapide des glaces et des neiges de l'hiver ; alors l'air, loin d'avoir la propriété de dissoudre l'eau et de produire ainsi du froid, se décharge par une pluie fine de l'eau qu'il tenait en dissolution. Les temps de gelée sont donc plus électriques que les temps de brouillards, de pluie ou de dégel, comme on le remarque à l'électromètre.

Les vents du nord, qui sont froids et secs, sont plus électriques que les vents du midi, presque toujours pluvieux et rendant les corps lourds, parce qu'ils relâchent les fibres par leur chaude humidité, et peut-être par leur défaut d'électricité, aussi les peuples de la zone torride sont en général plus faibles et plus abattus que les habitants des contrées polaires, et nous sommes même plus vifs pendant l'hiver que dans les chaleurs de l'été et lorsque l'air n'a presque point d'électricité.

Ces révolutions électriques ne sont pas étrangères à l'empire des eaux.

La mer a ses courants comme l'atmosphère a ses vents ; car une masse d'eau recevant de l'électricité en plus, cherche à la rendre à des eaux moins électrisées. Ainsi, dans une liqueur saline, l'acide et l'alcali se recherchent pour s'unir mutuellement sans toucher à ces mêmes substances combinées antérieurement.

Les phénomènes qui s'opèrent dans l'océan aérien s'exécutent aussi dans l'océan aqueux.

Les poissons sont les oiseaux de la mer et les oi-

seaux sont les poissons de l'atmosphère. Les courants d'air sont représentés par des courants d'eau
qu'on peut regarder comme des vents aquatiques.
Le fond de l'Océan a ses vallées, ses collines, ses
montagnes peuplées d'animaux et de plantes, ainsi
que le fond de l'atmosphère.

Celle-ci dissout les vapeurs aqueuses, se charge
de nuages qu'elle transporte dans son sein et qu'el-

Boussole.

le précipite en pluies; de même la mer dissout l'air,
s'en imprègne, et entraîne dans ses profondeurs
une pluie de molécules aériennes pour porter la
fertilité et la vie dans ses abîmes.

De même que nos plantes ont besoin d'eau pour
végéter et nos animaux pour vivre, les habitants
des mers ont aussi besoin de rosées d'air; celles-ci
purifient l'atmosphère aqueuse, comme les pluies

purifient l'atmosphère aérienne. La mer a ses tempêtes intérieures, comme l'air a ses orages; elle
éprouve de soudaines agitations et semble receler
la foudre dans ses vastes eaux, comme l'atmosphère qui s'embrase dans ses champs aériens.

Mais le fluide électrique ne se borne point à l'air
et à l'eau, il pénètre aussi dans le sein du globe.

De même que l'atmosphère et l'Océan, notre planète a aussi ses tonnerres intérieurs qui la secouent
jusque dans ses abîmes ; car ses tremblements de
terre et même ses éruptions volcaniques ne sont
que des ouragans souterrains, des explosions qui
font frémir le sol, qui l'ouvrent en larges cavernes,
qui le crèvent en tout sens, de même que l'éclair
fend l'atmosphère et rétablit l'équilibre entre le ciel
et la terre.

Nous voyons encore que les tremblements de
terre sont plus fréquents en été qu'en hiver, et
vers l'équateur que vers les pôles; de même les
volcans sont plus nombreux près des tropiques que
sous les zones glaciales. C'est par une semblable
cause que les ouragans, les tempêtes atmosphé-
riques, les trombes, sont plus communes entre les
tropiques et pendant l'été que vers les régions
froides et pendant l'hiver.

Il paraît que le feu électrique tend d'avantage,
vers l'équateur, à s'exhaler du globe terrestre dans
l'atmosphère, et à rentrer vers les pôles dans l'intérieur de notre planète.

Cette circulation de l'électricité est peut-être aussi

la cause qui dirige le fluide magnétique vers le nord d'une manière positive, et vers le sud d'une manière négative ; car on sait combien l'électricité influe sur le *magnétisme*, qui n'en est peut-être qu'une modification, et dont nous devons maintenant dire quelques mots.

C'est le nom général qu'on donne aux différentes propriétés de *l'aimant*. Ces propriétés sont au nombre de trois principales : *l'attraction*, ou la vertu par laquelle l'aimant attire le fer ; la *direction*, ou la vertu par laquelle l'aimant se tourne vers les pôles du monde ; enfin *l'inclinaison*, ou la vertu par laquelle une aiguille aimantée, suspendue sur des pivots, s'incline vers l'horizon, en se tournant vers le pôle.

Quant à la propriété d'attirer le fer, c'est le hasard, selon Pline, qui la fit reconnaître dans l'aimant. Un berger du mont Ida, nommé *Magnès* (d'où magnétisme), ayant enfoncé son bâton armé d'une pointe de fer, le sentit attaché. Frappé d'étonnement, il creuse la terre autour du bâton, et il le trouve retenu par un excellent aimant.

La propriété attractive de l'aimant était la seule qui fut connue des anciens. Le hasard seconda ensuite les efforts des savants dirigés vers ces sortes de recherches, et de nouvelles propriétés, telles que la répulsion, la direction, l'inclinaison ne tardèrent pas à se manifester aux regards des physiciens.

A la découverte des aimants artificiels a succédé

l'invention de la boussole, instrument précieux qui consiste en une aiguille aimantée, se mouvant librement sur un pivot au centre d'une boîte. Le contour est garni d'une feuille de papier sur laquelle on marque les vents, et dont la circonférence est divisée en degrés. Elle sert utilement au voyageur dans des circonstances périlleuses.

Lorsque, emporté par un vaisseau, l'obscurité d'une nuit profonde dérobe les astres à ses regards, il a recours à la boussole, qui, par la direction de son aiguille, fixe sa marche flottante, en lui traçant la route qu'il doit suivre.

Pour comprendre les phénomènes de direction et d'inclinaison de la boussole, il importe de se rappeler que tous les éléments qui entrent dans la composition du globe terrestre sont soumis à l'influence *magnétique*, et conséquemment que la réunion de tous ces éléments font de la terre un rand et unique aimant.

Pour expliquer les phénomènes magnétiques, les physiciens ont recours à un fluide particulier, dont l'existence repose sur des preuves moins claires que celles qui attestent l'existence du fluide électrique. Car le fluide magnétique n'affecte jamais nos sens, tandis que le fluide électrique nanifeste presque toujours sa présence par des aigrettes lumineuses, par de brillantes étincelles.

Mais quelle que soit la manière dont ces fluides manifestent leur existence, ils paraissent suivre une marche semblable dans leurs actions respectives; et Coulomb a profité de cette espèce de correspondance pour lier la théorie du magnétisme à celle de l'électricité. Ce physicien regarde le fluide magnétique comme composé de deux fluides particuliers, combinés entre eux dans les corps qui ne donnent aucun signe de magnétisme, et dégagés, lorsqu'ils passent à l'état d'aimant. Pour distinguer ces deux fluides, il emprunte leurs noms de ceux des pôles de l'aimant, en donnant à l'un le nom de *fluide boréal*, et à l'autre celui de *fluide austral*.

Les molécules de chaque fluide se repoussent entre elles et attirent celles de l'autre fluide, absolument comme les deux électricités positive et négative.

Il n'y a donc pas une grande différence entre le magnétisme et l'électricité, et on peut les attribuer à une même cause, dont le dernier mot restera longtemps encore un mystère impénétrable à l'esprit humain.

Mais laissons cette grande et unique loi de la chaleur, de la lumière et de l'électricité, et voyons de plus près les métamorphoses de la matière en abordant successivement les corps *solides*, *liquides*, et *gazeux*.

V

PIERRES ET MÉTAUX

Nous avons constaté les effets visibles de la chaleur et de l'électricité; mais d'autres combinaisons s'opèrent au sein de la terre. Des exhalaisons soulevant le sol, y produisent des fentes où sont déposés ces principes minéralisateurs qui transforment en métaux précieux les plus viles matières. Là se présentent l'or, l'argent en végétations brillantes que cherche la main avide du mineur; ici se mûrissent l'airain et le fer que l'homme doit façonner en instruments conservateurs ou en armes meurtrières; ailleurs le diamant ou l'arsenic, la vile pierre et le rubis, se cristallisent également.

La plupart des concrétions pierreuses se forment par une exsudation du suc pierreux des terres circonvoisines, et les filons métalliques sont une sorte de sécrétion.

On peut croire, en effet, que certaines terres sont propres à former des matières particulières, telles que des métaux, des pierres précieuses, des sels, à peu près comme dans l'homme, le foie secrète de la bile, les amygdales de la salive, ou comme les diverses parties d'un arbre transforment sa sève en aubier, en gomme, en résine. De même les diverses humeurs du globe, si l'on peut s'exprimer ainsi, et tout ce qui circule dans ses entrailles, peuvent se métamorphoser en plusieurs substances, suivant la nature des terrains et le travail particulier des matières qui les composent.

Ces affinités chimiques, cette vie intérieure, ces attractions qui agitent la matière, ne sont autre chose que la puissance vivifiante dont Dieu est la source. La première opération de ce principe de vie dans la matière a été la génération des mondes par l'attraction ; et lorsque les globes ont été formés, cette force vitale qui ne pouvait pas demeurer oisive, a produit dans chaque substance une foule de combinaisons chimiques par des affinités spéciales : c'est à quoi se réduit toute l'étude des sciences physiques et naturelles, étude féconde et moralisatrice à laquelle on ne saurait trop s'adonner, non seulement pour acquérir les notions pratiques de la vie, mais aussi pour mieux saisir et goûter le plan admirable de la Création.

Les plus anciens livres font mention de plusieurs métaux mis en œuvre et de diverses pierres dont la connaissance et l'emploi supposent qu'on était déjà dès longtemps familiarisé avec l'étude des diverses propriétés des substances minérales.

On voit par exemple, dans les livres de Moïse, qui vivait quinze siècles avant l'ère vulgaire, que non seulement on connaissait alors l'art d'extraire et de travailler les métaux, mais encore de tailler et de polir les pierres précieuses ; de graver des caractères sur ces pierres, et même sur le diamant; car il est dit que l'ornement pectoral du grand

prêtre Aaron, était formé de douze pierres précieuses différentes, parmi lesquelles, suivant quelques interprètes, se trouvaient le diamant. Il est dit que ces pierres avaient été travaillées par les lapidaires et les graveurs et que sur chacune était gravé le nom d'une des tribus d'Israël. Combien de recherches n'avait-il pas fallu faire dans le règne minéral, seulement pour découvrir les matières propres à tailler et à polir des pierres aussi dures! Chez nous, on regarda comme une merveille de voir un artiste qui parvint à graver une fleur de lis sur un diamant de Louis XV.

On savait jeter en moule des statues d'or et d'airain ; on savait dorer sur bois et sur métaux. On savait plus encore : on connaissait l'art de rendre l'or potable, puisque Moïse fit boire le Veau d'or au au peuple d'Israël.

Chez les Latins, Pline l'Ancien a parlé des minéraux dans son *Histoire naturelle*, précieux et immense trésor de science. On y remarque avec admiration que, si l'étude de la nature était chez les anciens moins brillante en *systèmes*, en *méthodes*, en *théories*, que chez les modernes, elle avait pour base des observations multipliées et comparées sans préventions, qui leur avaient fait découvrir de grandes vérités, qu'on donnera longtemps encore pour des découvertes modernes.

Dans les siècles suivants, on continua d'extraire de travailler, même avec beaucoup d'habileté, les diverses substances minérales, ainsi que l'attestent une infinité de monuments de toute espèce ; mais on n'écrivit rien d'important, si ce n'est chez les

Arabes, qui, pendant que les ténèbres de la Barbarie couvraient l'Europe, paraissent avoir cultivé d'une manière très approfondie la science des minéraux.

Depuis la renaissance des lettres en Europe, on s'occupa de l'origine des différents minéraux et de leur formation dans le sein de la terre, cherchant ainsi les opérations de la nature dans ses ateliers souterrains.

Quand la minéralogie devint un objet d'enseignement, il fallut, pour la commodité des maîtres et des auditeurs, établir des divisions, en un mot former des *méthodes*, car les méthodes sont, dit-on, des espèces de fausses clefs qui facilitent l'entrée dans le sanctuaire de la science, mais pas toujours dans celui de la nature.

Mais comme c'est la destinée de cette science de se dénaturer et de se perdre à force de raffinement, il peut se faire qu'on voie des minéralogistes de cabinet, qui pour de bonnes raisons, feront consister tout le règne minéral dans les échantillons microscopiques de leurs tiroirs, qui mettront des mots à la place des faits, des figures à la place des réalités, des méthodes et des théories à la place de la véritable science de la nature : à peu près comme on voit des marchands qui masquent le vide de leur magasin par les enveloppes recherchées, les étiquettes imposantes, et l'arrangement symétrique de leurs petis paquets.

En fouillant le sein de la terre, on y trouve des

sels, des matières *combustibles*, des *pierres* et des *métaux*.

Le *sel marin* fossile ou sel gemme, qui est de toutes les substances salines la plus importante à l'homme, est aussi celle dont on trouve les couches les plus abondantes dans le sein de la terre.

Les plus célèbres qui sont en Pologne, près de Cracovie, sont composées d'un sel transparent comme le cristal, entremêlé de couches de sable et de gypse.

En Catalogne, à peu de distance des Pyrénées, c'est un énorme bloc de sel marin massif et solide comme un rocher de marbre, et dont la base occupe une espace d'une lieue de circonférence. Ce phénomène géologique mérite toute l'attention des naturalistes, et suffirait seul pour démontrer l'insuffisance des hypothèses qu'on a faites jusqu'ici, sur l'origine des mines de sel gemme.

Il est là, comme une *comète*, pour dire aux Newtons géologues que leur système, quoique admirable, laisse encore à désirer.

Quant aux autres sels, comme l'*alun*, la *couperose* et le *vitriol*, on en trouve quelque peu dans la nature, mais la plus grande partie est un produit de l'industrie humaine.

Les mines d'*alun* sont en général des *laves* qui ont éprouvé une décomposition, comme à la *solfatare* de Pouzzole; mais la fameuse aluminière de la Tolfa, près de Civita-Vecchia, n'offre rien de semblable : c'est une vaste colline toute composée d'une pierre dure, compacte, et blanche comme de la craie, aussi solide que la meilleure pierre de taille, et qui n'offre pas la moindre apparence de décomposition, quoique les circonstances locales prouvent qu'elle fut une lave, de même que celle qui se trouve encore dans son voisinage. Ce n'est que par le moyen de la calcination qu'on la rend propre à produire de l'*alun*, qu'elle fournit alors en abondance.

Parmi les matières *combustibles*, la houille, qui est une des principales, est ordinairement disposée par couches qui s'écartent peu de la situation horizontale. On y trouve un grand nombre de fossiles végétaux.

La mine de Treuil, à Saint-Etienne, offre l'aspect d'une forêt de végétaux, les uns sur pied, les autres inclinés. On a observé des faits semblables dans les mines de l'Angleterre et de l'Ecosse, ainsi que dans celles de la Saxe.

Quelques-uns de ces dépôts ont été formés par de grands amas de débris végétaux transportés par les fleuves et amoncelés à leur embouchure. Ils y ont été décomposés peu à peu, puis recouverts par des dépôts de terre. Mais pour les houillières où se rencontrent des arbres fossiles debout, et, à la carbonisation près, très bien conservés, on ne peut plus admettre la supposition d'un transport; on pense alors que les forêts ont été englouties sous les eaux de la mer, par suite d'un affaissement du sol, quand les couches avaient encore une certaine mollesse.

On sait que, par la distillation, la houille donne le *goudron* et le *gaz* d'éclairage. Tous les charbons fossiles contiennent plus ou moins des matières volatiles.

L'anthracite est celui qui en renferme le moins, ce qui le rend difficilement combustible; mais il n'en est pas moins utile à cause de la grande quantité de chaleur qu'il procure. Maintenant qu'on sait alimenter sa combustion au moyen de puissants courants d'air, on l'emploie dans les fonderies et les verreries.

Les contrées où l'on en exploite le plus sont le Maine, la Saxe, le pays des Galles et les États-Unis.

Le *lignite* est beaucoup plus moderne que la houille et la remplace bien dans la cuisson des briques.

La *tourbe*, qui se forme encore de nos jours, dans les marais, n'est pas le combustible le plus agréable, mais dans certains pays, c'est le seul qu'on puisse se procurer à bon marché.

A la suite de ces charbons fossiles se placent naturellement les *bitumes*, comme le *naphte* qui dissout les résines et l'asphalte et qu'on trouve sur les bords de la mer Caspienne; le *pétrole*, plus commun, qu'on rencontre surtout en Sicile.

L'asphalte visqueux qu'on prendrait pour de la poix; et l'asphalte solide, sont recueillis sur la surface de plusieurs lacs, comme celui de la mer Morte, ou lac asphaltite.

5.

L'observation des phénomènes qui modifient le plus aujourd'hui, sous nos yeux, la position des substances minérales, notamment des *pierres* ou roches, nous a en définitive amenés à voir que les unes ont été précipitées au fond de l'eau, qui les tenait en suspension ou en dissolution, et ont formé des couches; que les autres, lancées des profondeurs brûlantes de la terre, se sont élevées au travers de son enveloppe solide; et qu'elles sont toutes formées par l'eau ou par le feu.

On distingue deux classes de pierre de taille : la *pierre dure*, comme les marbres, et la *pierre tendre*, qui peut se débiter à la scie à dents comme les pierres de Conflans et de Saint-Leu qu'on emploie à Paris, et la pierre blanche de Seyssel qu'on emploie à Lyon. Toutes ces pierres sont en général des pierres calcaires et leur disposition dans la carrière en bancs horizontaux, d'une épaisseur médiocre, en rend l'extraction facile. Elles sont de différentes nature suivant les localités.

La pierre d'Arcueil a servi pour les parties inférieures du Panthéon, et celle de Conflans pour les voûtes.

La pierre de Saillancourt, près de Pontoise, est mêlée de parties quartzeuses, qui lui donne beaucoup de dureté; c'est celle dont on a fait les ponts de Neuilly, de la Concorde et des Arts.

Les environs de Mons donnent une belle pierre bleuâtre à grain fin, susceptible de poli, et dont on peut tirer des fûts de colonne de 20 à 25 pieds d'un seul morceau.

Aux environs de Bruxelles, on trouve une pierre blanche qui se taille facilement et durcit à l'air; à Coblentz, on emploie une lave noire fort dure; pour la sculpture, on emploie la pierre calcaire de Brillon dans la Meuse et celle de l'Yonne, dite *pierre de tonnerre.*

Lyon est, de toutes les villes de France, celle qui est la mieux pourvue en excellente pierres de taille : celle de *Pomiers* surtout est pleine et sonore; la plupart des anciennes églises de Lyon en sont construites.

On fait dans cet ville beaucoup d'usage du *choin,* qu'on tire de la Bresse; c'est une pierre calcaire grise, qui reçoit le poli comme le marbre; elle est d'une si grande force qu'on en fait des lintaux de de portes, des limons d'escalier, et des plafonds de quinze à dix-huit pieds de longueur, qui ne sont supportés que par leurs extrémités. Celle de Seyssel qu'on emploie aussi pour les principeaux édifices, est tendre et devient inaltérable à l'air.

A une lieu de Nîmes, se trouve la pierre de Barutel dont on a construit les *arènes,* monument planté là par les Romains, depuis près de deux mille ans, aussi bien que la *maison carrée,* construite avec la pierre de Lens, à trois lieu de là.

En Auvergne, on emploie des laves et des balsates.

A Bordeaux, le théâtre, monument assez remarquable, a été construit des pierres de Rosans et de Saint-Michel sur la Dordogne.

Dans l'Hérault, aux environs d'Agde, on trouve une lave propre aux constructions qui se fond dans l'eau.

A Tarbes et à Pau, on emploie les beaux marbres de Lourdes et de la vallée de Campan, qui sont blancs et gris, veinés de noir, et susceptibles d'un beau poli.

Le département de la Vienne est très riche en pierres calcaires dont l'exploitation est une source de richesse.

Les géologues établissent trois grandes divisions dans les *pierres calcaires*, dont nous venons de voir l'emploi : la pierre calcaire *primitive*, contemporaine à la formation même du globe, dont les couches sont relevées, irrégulières, et jamais horizontales : c'est un marbre proprement dit, ordinairement d'une couleur blanche et qui ne renferme jamais le moindre vestige de corps organisés; la pierre calcaire de *transition*, qui n'a été déposée qu'après la formation des montagnes primitives, et qui est toujours en couches horizontales très épaisses, d'une couleur grise ou bleuâtre ; enfin la pierre calcaire *coquillière*, formée de débris de coquilles, de madrépores et autres corps marins, et dont les couches très régulières, ont toujours une épaisseur médiocre, qui varie depuis quelques pouces jusqu'à trois pieds, rarement au-delà.

La *pierre à chaux* n'est autre chose qu'une pierre calcaire grossière et qui se débite en petits fragments, qu'on peut calciner pour la convertir en chaux vive, qu'on éteint ensuite dans de l'eau, et et que l'on convertit en mortier et en ciment en la mêlant avec du sable ou de la brique pilée. Toute pierre calcaire, exempte de mélange, pourrait servir à faire de la chaux : le marbre le plus pur ferait même la chaux la meilleure, mais on préfère le *bouzin*, ou pierre calcaire friable, qui ne pourrait être employé ni comme moellon, ni comme pierre de taille. La pierre à chaux, qui contient du manganèse, produit la *chaux maigre*, qui a la propriété d'acquérir en très peu de temps la plus grande solidité.

Il y a une pierre *marneuse* et *ferrugineuse* qui forme des couches dans les collines des environs de Florence, et qui est remarquable en ce qu'elle présente, quand elle est sciée et polie, des espèces de paysages où l'on voit des villes ruinées avec leurs remparts, leurs tours, leurs obélisques, leurs pyramides, le tout environné de décombres et dans un état de désolation.

Ces ruines sont d'une couleur rembrunie, tirant sur le rouge ou le jaunâtre.

Le fond ou le ciel est d'une teinte plus claire, ou rousse, ou ardoisée, sur lequel elles se détachent d'autant mieux, qu'elles sont surmontées d'une teinte blanchâtre qui les fait paraître éclairées par un soleil couchant. Cette teinte se termine quelquefois en pointes rougeâtres comme les flammes d'un incendie.

Le ciel offre des veines onduleuses de vagues,

d'une teinte plus foncée, qui ne ressemblent pas mal à des nuages. Ce ciel est quelquefois parsemé de quelques taches rondes et noirâtres ; on dirait que ce sont des bombes qui viennent achever de ruiner la ville.

Sur le devant, c'est-à-dire dans la partie inférieure du tableau, l'on voit ordinairement ce que les peintres appellent une terrasse ; c'est un terrain irrégulier où l'on voit des herbes et des broussailles ; ce qui achève de rendre ces petits tableaux de la nature semblables à ceux qui sont les produits de l'art.

Tous ces jolis accidents intéressent par leur singularité ceux mêmes qui s'occupent le moins des productions minérales ; mais il serait difficile d'expliquer par les méthodes ordinaires ce jeu compliqué des éléments.

Depuis le renouvellement des sciences, on a révoqué en doute l'existence des *pierres de tonnerre*. Aujourd'hui, on est assuré qu'il tombe véritablement des pierres de l'atmosphère, mais elles ne sont point, comme on le croyait autrefois, lancée avec la foudre, qui n'est elle-même que la simple explosion électrique. Il paraît néanmoins que l'électricité n'est point étrangère à la formation et à la chute de ces pierres, comme nous le verrons dans le livre des *météores*.

Toute pierre d'un grain fin, d'une couleur obscure, et qui n'est pas attaquable par les acides, est propre à devenir *pierre de touche*, et le balsate

volcanique, qu'on trouve en Italie, remplit ces différentes conditions. Il n'est donc pas nécessaire
d'attribuer à cette pierre une origine lointaine
comme ceux qui prétendent qu'on ne la trouve que
dans l'Asie Mineure.

Les *pierres meulières*, concrétions de nature
silicée, qui forment tantôt de grandes masses dis-
séminées dans des massifs sablonneux, et qui sont
assez volumineuses pour qu'on en puisse tirer des
meules de moulin d'une seule pièce, se trouvent à
la Ferté-sur-Marne, à Mont-Régard en Bourgogne,
à Monthoiron et à Vicq en Poitou, à Corbeil près
Paris, ainsi que près Houbec en Normandie.

La *pierre à plâtre* n'est autre chose que du
gypse grossier confusément cristallisé, et qui pour
l'ordinaire est mêlé de carbonate de chaux qui le
rend plus propre à la maçonnerie que le gypse pur :
telle est la pierre à plâtre des buttes Montmartre.
Le gypse pur est un composé de chaux et d'acide
sulfurique, espèce de sel neutre très peu salubre.

Les dépôts gypseux sont de deux espèces : les
uns sont dans les plaines, les autres son enclavés
dans les chaînes de montagnes primitives, et séparés
l'un de l'autre par des bancs de marne. Dans les
plaines, ces dépôts sont formés de couches à peu
près horizontales, et ils occupent une grande étendue de pays, comme aux environs de Paris, dans
la vallée de la Charente, ceux d'Aloche à trois lieues
de Marseille, et ceux de Draguignan, dans la vallée
de l'Artuby.

Le *grès* est une pierre composée de grains de
sable cailloutoux, cimentés ensemble par un gluten
quelquefois siliceux ou marneux, mais plus souvent calcaire. Celui de Fontainebleau a un gluten
purement calcaire, et l'extrême solidité de cette
pierre la rend surtout très propre à paver les villes
et les grands chemins ; Paris en est pavé, et il
serait difficile de trouver un autre genre de pierre
plus convenable à cet usage.

Le Régent.

Les *pierres précieuses* sont des cristaux pierreux d'une dureté très considérable, et qui, dans
leur état de perfection, jouissent d'une couleur vive
et nette, d'une transparence complète, de la propriété de réfracter et de réfléchir fortement les
rayons de la lumière, ce qu'ils doivent à leur tissu
lamelleux, à la densité et à la pureté de la matière
qui les compose. Ils sont susceptibles du poli le
plus parfait, et l'on augmente considérablement
leur éclat et leur *jeu*, par la manière dont on les
taille à facettes qui se correspondent entre elles, et
forment un foyer de lumière.

Quoique le diamant, considéré chimiquement, ne puisse pas être regardé comme une *pierre*, puisqu'il ne contient pas une molécule fixe et terreuse, et qu'il brûle et se dissipe en entier au feu sans laisser le moindre résidu : néanmoins, comme il jouit éminemment des principales propriétés qu'on recherche le plus dans les *pierres précieuses*, on ne peut se dispenser de le placer à leur tête. Il n'a pas besoin, comme elles, d'être pourvu d'une couleur particulière pour plaire aux yeux : sa plus grande perfection même, consiste à n'en avoir aucune en propre ; c'est alors qu'il les fait briller toutes ensemble, avec un éclat que rien ne saurait égaler.

La beauté des *pierres précieuses* n'est pas la seule cause du grand prix qu'on attache à leur possession ; leur mérite est encore relevé considérablement par leur *rareté*. La nature est fort avare de cette belle production du règne minéral ; elle n'enfante les *gemmes* que dans les contrées du globe qu'elle a le plus favorisées à tous égards : ce n'est qu'entre les tropiques, et même dans très peu d'endroits, qu'on trouve celles qui jouissent de la plus grande perfection : hors de la zone torride, leur mérite est presque nul, et ce sont bien plutôt de simples morceaux d'histoire naturelle que des objets de luxe. Mais s'il est rare de trouver les gîtes qui renferment les *gemmes* du premier ordre, il est encore plus rare de les trouver elles-mêmes douées de toute le perfection dont elles sont susceptibles.

Parmi les matières *minérales* proprement dites, il n'y a guère que les substances *métalliques* qui se trouvent disposées par *filons*. Les matières combustibles et salines sont presque sans exception disposées par *couches*, et rarement en *amas*.

Les *filons* métalliques se rencontrent presque toujours dans les montagnes *primitives* ; ce n'est que dans quelques localités particulières où ils se trouvent dans des *couches secondaires*.

Les *mines* d'or en *filons* sont assez nombreuses, mais en général peu riches et d'une exploitations difficile. Ce sont pour l'ordinaire des filons de quartz ferrugineux qui courent dans des montagnes primitives, et où l'or se trouve toujours *vierge* ou *natif*.

En Europe, les principaux filons aurifères se trouvent à Kremnitz en Hongrie, où ils plongent jusqu'à la profondeur de cent soixante toises ; et dans plusieurs mines de Transylvanie, où l'or est combiné avec le *tellure*.

Nous avons à la Gardette, près de Grenoble, une mine d'or en filon qui a fourni de superbes morceaux de cabinet de la plus grande richesse, mais qui n'ont pas eu de suite.

L'Espagne et le Portugal possèdent des mines d'or en filons, mais qu'on dédaigne depuis la découverte de l'Amérique.

Il n'y a qu'une très petite partie de l'or du commerce, qui provienne des *filons d'or* proprement dits. Ce précieux métal se trouve principalement dans des terrains d'alluvion, d'où on le retire par le lavage. Plusieurs *mines d'argent* fournissent aussi une quantité d'or considérable qui se trouve combiné avec l'argent dans toutes sortes de proportions.

Les *mines* d'argent, proprement dites, sont généralement en filons dans des montagnes primitives, où le minéral a communément pour alliage le spath pesant où le spath calcaire.

On exploite aussi, sous le nom impropre de *mines d'argent*, des mines de tout autre métal, et surtout des mines de plomb, où il est mêlé en plus ou moins grande abondance : celles-ci peuvent se trouver en *couches* ou en *amas*, comme toute autre *mine*.

On remarque en général que les *filons d'argent* n'existent guère que dans les contrées froides, soit par leur latitude, soit par leur élévation au-dessus du niveau de la mer. L'or au contraire, ne se trouve abondamment que dans les parties les plus brûlantes de la zone torride.

Les principales *mines d'argent* exploitées en Europe, sont celles de Konsberg en Norwège, celles de l'arrondissement de Freyberg en Saxe, celles d'Andreasberg et du Rammelsberg au Hartz, et de Schemnitz en Hongrie. Le filon de cette dernière n'est pas très riche, mais il est d'une étendue et d'une puissance énormes ; on lui donne plus de trois mille toises de longueur, et il plonge dans la profondeur jusqu'à quinze cents pieds.

Son épaisseur ou sa puissance est en général d'une centaine de pieds et au-delà.

Les *mines* de Saxe étaient autrefois si riches, que, suivant Albinus, dans sa chronique des *mines* de Misnie, on découvrit, en 1478, dans un filon du du Schnéeberg, une masse d'argent natif, sur laquelle Albert, duc de Saxe, dîna dans la mine même avec toute sa cour, et d'où l'on tira quatre cents quintaux d'argent ; mais il paraît qu'il y a de l'exagération.

Dans l'Asie septentrionale se trouve l'importante *mine* d'argent aurifère de Zméof ou Schlangenberg, dans les monts Atlaï, entre l'Ob et l'Irtiche. Le filon a plusieurs centaines de toises d'étendue, sur une épaisseur qui va jusqu'à cent pieds; il plonge jusqu'à cent et quelques toises dans la profondeur. Le produit annuel de ce filon et de quelques autres *mines* du voisinage, est d'environ soixante mille marcs d'argent tenant de l'or à raison de trois pour cent.

Quelque considérables que paraissent ces produits, ils sont peu de chose en comparaison de l'incalculable richesse des filons de la montagne de Potosi au Pérou. Dans l'espace de quatre-vingt-treize ans (depuis 1545 jusqu'en 1638), l'Espagne en a retiré quatre cents millions de *pesos* ou *onces* d'argent.

Les filons de *cuivre* proprement dits ne sont pas très communs : la plupart des *mines de cuivre*, surtout celles qui consistent en pyrites, sont en général des *couches* plutôt que de vrais *filons*.

Les plus beaux *filons* de cuivre que l'on connaisse et ceux dont le minerai est le plus riche (à proportion de sa quantité), sont ceux de la Touria et de Gouméchefski, dans les monts Oural, en Sibérie ; le premier rend annuellement quarante mille quintaux de cuivre, le second vingt mille.

On remarque, en général, que le minerai de cuivre a pour alliage des matières argileuses.

Parmi les fameuses *mines* de cuivre de Suède, on ne peut guère donner le nom de *filon* qu'à celle de Niakoperberg en Néricie. Le filon qui forme cette *mine*, est composé de plusieurs masses minérales placées les unes au-dessus les autres, et qui sont figurées comme le filon du Rammelsberg, en prismes quadrangulaires.

Le fer ne se trouve presque jamais en filons proprement dits dans les montagnes primitives ; mais il y forme de nombreuses et puissantes *couches.*

Le *plomb* en filons se rencontre abondamment en Angleterre, surtout dans le Derbyshire, et il y présente un phénomène fort singulier. Les terrains qui renferment ces filons sont composés de quatre massifs de couches de pierre calcaire, dont l'épaisseur est de cent à deux cents pieds, séparés les uns des autres, par des massifs calcaires.

Les filons de plomb, qui sont à peu près verticaux, courent du haut en bas de tout cet assemblage, mais ils sont interceptés tout net par les couches de *load-stone,* qui ne contiennent point du tout

do métal, et ils continuent dans les couches calcaires suivantes.

On remarque en général que le *plomb* se trouve
par préférence dans les montagnes de nature calcaire. Les *mines de plomb argentifère* de la Daou-
rie, près du fleuve Amour, sont formées de puissants filons qui courent dans une pierre calcaire
compacte qui n'est pas *primitive*, mais *ancienne*,
et qui ne renferme aucun vestige de corps marins.

L'Etain se trouve rarement en filons proprement
dits : les riches *mines* d'Angleterre sont formées de
couches, et celle de Bohême et de Saxe sont des
amas pour la plupart.

J'ai dit qu'on nomme *mines en couches* celles
dont le minerai est disposé parallèlement aux
couches pierreuses ou terreuses qui les environnent.

Les couches métalliques se rencontrent dans les
montagnes *primitives* et *secondaires*, et dans les
dépôts *tertiaires* ou d'alluvion.

L'or se trouve principalement dans ces terrains
de transport, où il est disséminé en paillettes, en
grains, et quelquefois en petites masses qu'on
nomme des *pépites*. On l'obtient par le moyen
du lavage des terres où l'on a reconnu son existence.

Nous avons en France plusieurs rivières dont les
sables sont aurifères, telles que le Rhin, entre
Strasbourg et Philisbourg; le Rhône, dans le pays

de Gex; le Doubs, en Franche-Comté; la Cèze et le Gardon, dans les Cévènes; l'Arriège, près de Pamiers; la Garonne près de Toulouse, et le Salat, près de Saint-Girons, dans les Pyrénées.

La très grande partie de l'or qui est dans le commerce provient des terrains sablonneux et ferrugineux des diverses contrées de l'Afrique, et surtout de ceux qui occupent les larges vallées du Pérou, du Chili, du Choco, du Papayan, dans l'Amérique méridionale, et du Mexique dans l'Amérique septentrionale.

Les sables aurifères sont presque immédiatement au-dessous de la superficie du sol, et ne s'étendent que de quelques pieds ou tout au plus de quelques toises dans la profondeur. On a dit et répété mille fois que cet or avait été déposé là par les rivières qui avaient transporté les sables. Mais il est bien peu vraisemblable que les eaux eussent déposé, d'une manière aussi uniforme, sur une surface plane, une matière aussi pesante, qui ne pourrait que se réunir dans les creux, comme on le voit dans les ravins formés par nos rivières aurifères. Il me paraît infiniment plus probable que ces paillettes d'or se sont *formées* dans le lieu même où elles se trouvent.

Le *platine* ne s'est pas trouvé autrement jusqu'ici que dans les terrains d'alluvion des plaines du Choco, dans la Nouvelle-Grenade, à quelques degrés au nord de la Ligne. Il est en grains disséminés dans le sable, pêle mêle avec des paillettes

d'or, et je fais, sur son origine, la même observation que sur celle de l'or qui l'accompagne.

L'argent comme je l'ai déjà dit, ne se trouve
nulle part disposé par *couches*.

Le cuivre, au contraire, se trouve dans des *couches* d'une étendue et d'une épaisseur considérables; et quoiqu'il n'y soit que dans une assez petite proportion, qui n'est ordinairement que deux
ou trois pour cent, et qui ne s'élève que fort rarement jusqu'à dix, l'abondance du minerai supplée
à son défaut de richesse.

Les couches cuivreuses les plus importantes sont
celles de Suède, qui forment les abondantes *mines*
de Garpenberg et de Fahlun, en Dalécarlie.

Les *mines* de cuivre d'Angleterre sont d'un produit encore plus considérable que celles de Suède;
ce sont également des couches de pyrite cuivreuse,
qui forment partie intégrante des montagnes primitives.

La plus importante est celle de l'île d'Anglesey,
dans la mer d'Irlande, découverte en 1768. L'épaisseur de la couche est de soixante-dix pieds : on ne
connaît pas son étendue dans les autres dimensions;
on l'exploite comme une carrière; et quoique le
minerai soit assez pauvre, comme sont la plupart
des cuivres pyriteux, son produit annuel monte à
soixante mille quintaux de cuivre.

Les couches cuivreuses des *mines* de Wichlow,
en Irlande, sont reconnues sur une étendue de plus
de sept mille toises; leur épaisseur et de trente-six

6

à soixante pieds. Le minerai tient depuis un jusqu'à dix pour cent.

La province de Cornouaille, en Angleterre, n'est pas moins riche en cuivre qu'en étain; et c'est un fait géologique très remarquable que les *couches* qui renferment ces deux métaux ne sont séparées les unes des autres que par d'assez minces couches de schistes primitifs, et que même quelquefois elles se touchent immédiatement. Il arrive aussi que les deux métaux se trouvent réunis dans la même couche.

La *mine de cuivre* d'Allague, dans le val Sésia, au pied du Mont-Rose, est également une couche de pyrite cuivreuse qui fait partie d'une montagne de *gneiss*, et qui est parallèle aux couches pierreuses de cette montagne. Sa situation est peu inclinée à l'horizon; son épaisseur est de six à sept pieds; elle se prolonge dans plusieurs montagnes, et l'on ignore son étendue. On regarde cette *mine* comme inépuisable; mais ce minerai ne rend qu'environ deux pour cent, et quelquefois même il ne contient point de cuivre du tout.

Les *mines de cuivre en couches secondaires* sont également peu riches, mais d'une étendue considérable : on en voit un exemple dans les *mines* dont l'alliage est un schiste marneux, bitumineux, qui présente une foule d'empreinte de poissons convertis en minerai. Les mêmes couches se trouvent à Cassel, à Eisleben, dans le comté de Mansfeld, dans le duché de Magdebourg et dans les con-

ées environnantes ; leur richesse en cuivre est à
eu près la même que celle des couches *primiti-
es.*

Les *couches tertiaires* ou d'alluvion, contiennent
uelquefois du minerai de cuivre. Le dépôt de cette
pèce, le plus étendu que l'on connaisse, est celui
ui règne le long de la base occidentale des monts
ural, en Sibérie, et qui se prolonge du sud au
ord dans une étendue de plus de cent lieues de
ng, sur dix à vingt lieues en largeur et même
avantage, mais il n'est pas partout assez riche
our mériter une exploitation. C'est un grès quart-
eux très friable souvent même un sable plus ou
oins imprégné de bleu et de vert de montagne :
est mêlé de débris de végétaux, parmi lesquels
reconnaît des bambous et des troncs de palmiers
ui sont pétrifiés. L'épaisseur de de ce dépôt cui-
eux est très inégale; ella va jusqu'à trente ou
arante pieds, mais communément elle est beau-
up moindre.

Le fer se trouve de même que le cuivre, dans
es couches *primitives, secondaires* et *tertiaires.*

Les *mines de fer en couches primitives* sont
ès fréquentes dans les contrées septentrionales,
rtout en Suède et en Sibérie, où elles sont d'une
endue et d'une richesse immenses. Le minerai
t presque toujours de l'espèce qu'on nomme *mine
e fer noire,* qui a l'aspect métallique qui est pres-
e toujours attirable à l'aimant, et qui est quel-
efois un véritable *aimant* elle-même : elle rend

à la fonte cinquante à soixante et même soixante-dix pour cent.

Les principales *mines de fer* de cette espèce, en Suède, sont celles de Nordmarck et de Persberg dans le Wermeland ; celle de Dannemora en Roslagie, et celle de Taberg en Smoland.

Ces *mines* sont formées d'un assemblage de couches de riche *mine de fer*, qui sont en général dans une situation verticale, et qui alternent avec des couches de gneiss ou de schistes argileux primitifs, qui contiennent eux-mêmes du minerai. L'épaisseur de ces couches est de plusieurs toises, leur étendue presque sans bornes : quelques montagnes telles que le Taberg, sont tellement remplies de couches ferrugineuses, qu'on les regarde comme des *montagnes de fer*.

Les *mines* de cette espèce qui sont en Sibérie, se trouvent dans les monts Oural, depuis les environs d'Ekatérinbourg jusqu'à la mer Glaciale. Les plus considérables sont celles de Blagodat et de Keskanar, dans la lisière orientale de cette grande chaîne ; la première est à trente lieues, et l'autre à cinquante au nord d'Ekatérinbourg. Blagodat rend annuellement près de quatre cent mille quintaux d'excellent fer : le produit de Keskanar est à peu près le même. Ces deux *mines* fournissent une très grande quantité d'aimants, mais qui ne sont pas tous d'une égale force.

La fameuse *mine de fer* de l'île d'Elbe peut aussi être considérée comme ayant formé une ou plusieurs couches immenses dans des montagnes primitives, que le temps à détruites, et dont on voit encore des portions dans l'intérieur même de la *mine*. Ferber jugeait que ces couches se prolongeaient par dessous la mer pour aller se réunir aux *mines de fer* de la Toscane, qui sont de la même nature.

Les *mines de fer en couches secondaires* sont extrêmement abondantes en France, et se trouvent surtout dans le Berry, le Nivernais, le Languedoc, la Bourgogne, la Champagne, la Lorraine et l'Alsace. Le minerai est pour l'ordinaire sous une forme globuleuse de divers diamètres. On lui donne improprement le nom de *mine de fer limoneuse*; sa formation n'a rien de commun avec celle des dépôts limoneux : ce fer a été non *transporté*, mais *formé* dans le lieu même qu'il occupe. Le minerai est pour l'ordinaire disposé en couches horizontales, qui alternent avec des couches de pierre calcaire coquillière; il arrive même que des bancs entiers de coquilles ont été convertis en excellente *mine de fer*.

Les couches ferrugineuses *tertiaires* ou d'alluvion, sont celles qui doivent exclusivement porter le nom de *mine de fer limoneuse* : elles se trouvent communément dans les marais où les ruisseaux ont déposé l'oxyde de fer provenant de la décomposition des pyrites.

Le minerai de Plomb forme rarement des *couches* dans les montagnes *primitives*, mais quelquefois de très considérables dans les montagnes *secondaires* : la *mine* de Bleyberg en Carinthie, en offre un exemple remarquable. On voit là quatorze couches puissantes de minerai de *plomb*, dans une situation presque horizontale, et séparées l'une de l'autre par autant de couches de pierre calcaire coquillière, où les coquilles sont tellement abondantes, que c'est de là que provient cette belle lumachelle, ornée de toutes les couleurs de l'iris.

Quelque couches *tertiaires* contiennent aussi du plomb, et la *mine* de plomb de Pontpéan, près de Rennes, pourrait, au moins en partie, être considérée comme formée d'un terrain d'alluvion, puisqu'on y a rencontré des galets, des coquilles roulées, et même un grand arbre qui s'y trouvait enfoui à la profondeur de deux cent quarante pieds.

L'*étain* n'est jamais dans les *couches secondaires*, mais on le trouve quelquefois en assez grande abondance dans des terrains d'alluvion : il est en petits cristaux détachés, dispersés dans les sables et le limon, soit qu'il provienne de la décomposition des roches granitiques, où se trouve ordinairement son minerai, soit que la nature l'ait formé postérieurement dans le gîte où on le trouve.

De semblables dépôts se voient assez fréquemment en Saxe, en Bohême et surtout dans les marais de *Saint-Austel* en Cornouaille, où l'on exploite à vingt-cinq pieds de profondeur, un banc sablonneux de cinq pieds d'épaisseur, qui contient une quantité notable de ces cristaux épars d'oxyde d'étain.

L'argent ne se trouve guère en *amas* proprement dits, car la *mine* de Potosi elle-même n'était point un *amas*, mais une réunion d'un grand nombre de filons. Il en est de même des grosses masses d'argent natif, ou de minerai d'argent qu'on rencontre quelquefois, et qui sont des *renflements* de filons dont les appendices suivent ordinairement la même direction que le filon dont le renflement fait partie.

Le mercure et l'étain sont les métaux qui se trouvent le plus communément en *amas*, et même en amas d'un volume immense.

La mine de *mercure* de Guánca-Vélica, au Pérou, est un des plus singuliers exemples d'un prodigieux amas métallique. D'après toutes les circonstances locales, il paraît que la place qu'elle occupait était un cratère volcanique. C'est à la cime des Cordilières (qui sont, comme on sait, presque toutes des volcans éteints ou en activité) que se trouvait cette *mine* qui remplissait, suivant l'expression de Don Ulloa, une espèce de puits de cent cinquante pieds de diamètre sur quatorze cents pieds de profondeur. Cet espace énorme était entièrement rempli de cinabre : aujourd'hui cette *mine* est à peu près épuisée, mais on prétend qu'elle se reproduit, ce qui ne paraît pas impossible.

Nous traiterons ailleurs de la propriété des métaux et autres corps *solides*. Il nous suffit d'avoir montré les merveilleuses métamorphoses de l'intérieur de la terre, et nous passons à l'élément *liquide*, qui joue un si grand rôle dans la création.

VI

L'EAU ET LES LIQUIDES

Les productions vivantes se multiplient principalement où l'eau arrose le plus de terre. Considérez ces terrains arides de l'Arabie, ces effroyables solitudes de l'Afrique. Entièrement privées d'eau ces solitudes ne présentent qu'une mer immense de sable où rien ne vit, rien ne végète. On ne rencontre pas même une touffe de gazon dans l'espace de plusieurs lieues de circonférence; on n'y trouve aucun animal, aucun arbre; la terre entièrement nue est couverte d'un sablon mouvant où le voyageur s'égare et périt de soif; les vents déchaînés sur ce sol élèvent et détruisent mille monticules de sable, ou transportent dans les airs d'épais nuages d'une poussière brûlante. S'il se trouve au milieu de ces déserts quelque faible source, quelque mare d'eau saumâtre, le petit terrain qu'elles arrosent est couvert de verdure, d'arbres, de fleurs, et peuplé d'animaux. C'est une île entourée d'une vaste mer de sables stériles, où les voyageurs viennent se reposer et se désaltérer.

L'eau est ainsi le fondement principal de l'existence des corps vivants, puisqu'ils ne peuvent point subsister sans elle, et qu'ils en reçoivent même l'aliment et le mouvement organique. La plupart des mousses périssent par la sécheresse, mais il suffit de leur donner de l'eau pour les faire reverdir et revivre, même après plusieurs années. On a trouvé quelques espèces d'animalcules que la sécheresse faisait mourir et que l'humidité ressuscitait tour à tour.

Non seulement l'eau communique aux animaux et aux plantes le mouvement vital, mais encore il n'est aucune espèce qui ne commence son existence dans un état de liquidité, et qui ne se nourrisse par le moyen d'aliments liquides, de sorte que rien ne s'opère dans les corps vivants que par le moyen de l'eau. Les humeurs, telles que le sang, la lymphe dans les animaux, la sève et le suc dans les plantes, ne reçoivent leur fluidité que par l'eau qui tient en dissolution les matières qu'ils contiennent. La nutrition ne peut s'éxécuter que par l'intervention des liquides, parce que ceux-ci tenant les molécules de matières dans un état de division et de mobilité extrême, facilitent leurs combinaisons. Le grain de blé ne donne sa tige et son épi qu'après avoir pourri par l'humidité, et le pain ne nourrit qu'après avoir été décomposé par la salive et le suc gastrique.

Il est même visible que l'eau ne sert par seulement d'excipient aux molécules organisées, qu'elle ne se borne pas à les charrier, à faciliter leur arrangement, mais qu'elle y entre même comme principe constituant. C'est ce que démontre l'ex-

6.

périence des arbres, des graines qui s'accroissent
dans l'eau seule et y acquièrent un grand développement. L'eau n'est pas un empire stérile, car
l'Océan est beaucoup plus peuplé que la terre ; son
sein est rempli d'une multitude d'animaux de toute
espèce. Un animal, un végétal, nés dans un sol bas
et humide sont plus gros que les mêmes espèces
n'es dans des lieux secs et élevés. Comparez parmi
les hommes, ces gros et gras habitants de la Hol-
lande, avec les Arabes Bédoins, si décharnés, si
secs ; ou les bœufs épais de la Flandre avec le
bétail maigre et nerveux des stériles montagnes.
C'est dans les lieux aquatiques que fourmillent des
millions d'insectes, de vers, de champignons, d'algues, de graminées, et tous ces êtres qui semblent
n'exister que pour mourir.

Comme l'air, l'eau est donc indispensable à l'entretien de la vie des animaux. Convertie en vapeur,
l'eau forme les nuages, se résout en pluie et devient
un des principes les plus fécondants de la végétation. L'eau courante est le moteur le plus écono-
mique dont les hommes puissent disposer ; chauffée
à un certain degré, elle devient un agent d'une
force illimitée dans la machine à vapeur ; elle est
enfin un des plus beaux ornements de l'univers.
Les ruisseaux, les lacs, les cascades forment la
beauté d'un paysage, et rien n'est plus majestueux
que le cours d'un grand fleuve, comme rien n'est
plus imposant que le spectacle d'une mer courrou-
cée. L'eau enfin, concourt si souvent et de tant de

manières aux besoins et aux commodités de la vie, qu'il ne faut pas s'étonner si les philosophes anciens l'avaient regardée comme le seul élément, le principe de toutes choses, et si les physiciens et les chimistes modernes ont recherché avec tant d'ardeur sa nature et ses propriétés.

L'origine de l'*eau douce* et des *sources* a fait longtemps un grand sujet de dispute entre les savants, parce qu'on s'occupait à former des hypothèses, au lieu d'aller observer la nature dans les montagnes.

L'un des systèmes qui a fait le plus de fortune, est celui de Descartes : il supposait que les eaux de la mer se rendaient par des conduits secrets dans des réservoirs placés sous les montagnes ; que là elles étaient réduites en vapeur par le feu central, qu'elles se condensaient en eau contre les rochers, et que cette eau s'écoulait par les fentes, comme l'eau distillée coule par le bec de l'alambic.

On voit qu'ici, comme dans beaucoup d'autres circonstances, on voulait faire agir la nature à la manière des hommes, tandis que ses procédés sont presque toujours plus simples.

Qui n'a pas vu, après les fortes gelées, lorsqu'il survient tout à coup un vent chaud, les vapeurs dont il est chargé se condenser et même se congeler contre les murailles? que bientôt après, l'eau coule et forme une infinité de petits ruisseaux? On voit arriver la même chose sur une bouteille à la glace; quoiqu'elle ait été bien essuyée, on la voit un moment après couverte de petites gouttelettes d'eau, souvent si multipliées, qu'elles finissent par couler jusqu'au bas de la bouteille.

Ces faits si vulgaires représentent au juste l'opération de la nature dans la formation des *sources.*

Lorsque l'air est d'une température chaude, il se charge de vapeurs aqueuses qui s'élèvent de la surface des eaux et de tous les corps humides. Ces vapeurs s'étendent de tous côtés et lorsqu'elles rencontrent les sommets des montagnes, qui sont toujours à la température de la glace, elles se condensent aussitôt par le contact de ces corps froids, se convertissent en eau et coulent le long des rochers; et comme les montagnes exercent une attraction puissante sur tous les corps environnants, il s'y établit nécessairement un courant de vapeurs, qui viennent y aboutir de toutes parts.

Aussi voit-on les pics isolés sans cesse environnés d'une ceinture de brouillards formée par les vapeurs répandues dans l'atmosphère, qui étaient d'abord invisibles parce qu'elles étaient raréfiées, mais qui deviennent apparentes et forment des nuages sensibles, dès qu'elles approchent assez de la montagne pour éprouver un commencement de condensation et qui finissent par se réduire en eau lorsqu'elles sont parvenues au point de contact; et même en petits glaçons lorsqu'elles rencontrent les neiges et les glaciers, lesquels glaçons compensent la portion qui se fond dans la partie inférieure du glacier.

Goutte d'eau vue au microscope.

Il suffirait de voir, dans la vallée de Chamouni, l'abondante source de l'Aveyron, qui sort comme un torrent, pour se convaincre que si ce glacier n'était pas continuellement alimenté, par la neige glacée que forment chaque nuit les vapeurs de l'atmosphère, il ne pourrait suppléer à la dépense d'eau qu'il fait chaque jour, sans perdre considérablement de son volume et sans disparaître même tout-à-fait.

Voilà donc le grand alambic de la nature pour fabriquer l'eau douce, et l'origine de la *source* des fleuves.

La plupart des fleuves sont fort peu de chose près de leur source, et n'acquièrent un volume considérable que par les rivières qu'ils reçoivent dans leurs cours. La *Seine*, par exemple, qui prend sa source près de Chanceau, à huit lieues de Dijon, serpente longtemps dans des prairies, comme un faible ruisseau qu'on peut franchir d'une enjambée.

Les sources des fleuves se trouvent communément à une grande élévation dans les montagnes. La Garonne vient des sommets les plus élevés des Pyrénées. Les sources du Rhin sont dans la partie orientale du mont Saint-Gothard, à une élévation de près de 1500 mètres. Celles du Rhône, sur la montagne de la Fourche, à l'ouest du Saint-Gothard, sont à 1200 mètres environ.

Le nombre des fleuves dans les cinq parties du monde, est considérable; on en compte environ 430 dans l'ancien continent et 180 en Amérique. Et quoique il y en ait de très grands, et que l'eau qu'ils portent à la mer semble devoir former un volume immense, cependant Buffon a trouvé, par des calculs approximatifs, qu'il leur faudrait 812 ans pour remplir le lit de l'Océan.

Il a pareillement calculé que l'évaporation qui se fait annuellement de toutes les eaux du globe, pourrait former une couche d'eau de 29 pouces, et que les eaux que roulent toutes les rivières ne formeraient qu'une couche de 21 pouces; d'où il conclut que l'*évaporation* est plus que suffisante pour alimenter continuellement les sources de toutes les rivières, qui tirent, comme nous l'avons prouvé, leur origine des vapeurs de l'atmosphère.

La pureté de ces eaux dépend de la composition des montagnes d'où elles sortent ou des terres à travers lesquelles elles ont passé. Si ces montagnes sont des masses de granit et ne leur laisse rien à dissoudre, on a la plus pure de toutes les eaux, l'*eau de roche*. Mais si pendant leur filtration elles ont dissous des substances minérales en grande proportion, au lieu d'être alimentaires, elles sont médicamenteuses : ce sont les *eaux minérales*.

A l'aspect des roches d'un pays on peut juger s'il y a de bonnes eaux; il est également facile, sans le secours de l'analyse, de se prononcer sur leur qualité. Si les habitants d'un pays quelconque ont le corps sain et robuste, s'ils vivent longtemps sans être affectés d'aucune indisposition particu-

lière, qu'on ne puisse raisonnablemant attribuer
à l'air ou aux aliments, on a droit de conclure en
faveur des *eaux* dont ils font usage pour leur
boisson.

. Au reste, on peut les juger aux signes suivants :
d'être claire, limpide, sans odeur et sans couleur;
d'être fraîche et pénétrante; de bouillir aisément
sans se troubler, de s'échauffer et de se refroidir
promptement; de cuire facilement les légumes et
la viande; de bien dissoudre le savon et bien
laver le linge; de dégager beaucoup de bulles
d'air lorsqu'elle est agitée, car avant tout elle doit
être aérée; enfin de ne pas trop affaiblir la force
du vin avec lequel on la mêle.

Indépendamment de l'eau considérée comme la
boisson la plus commune de l'homme, et la seule
qui sert aux animaux, on sait qu'elle est le meilleur
dissolvant de la matière nutritive; elle s'associe,
se combine si essentiellement avec elle, que non-
seulement elle augmente son effet, mais qu'elle
devient elle-même alimentaire. Ainsi dans le pain
elle prend de la solidité, forme un quart, quelquefois un tiers de son poids; dans la bouillie, elle
y entre par moitié, de même que dans les pota-
ges. Elle se métamorphose de mille manières et
joue le premier rôle dans l'économie de l'Univers.

Mais si l'économie domestique ne paraît pas
avoir à sa disposition un moyen plus simple et plus
abondant, l'art de guérir n'a souvent pas un agent
plus puissant; et sans vouloir faire de l'eau une

médecine universelle, un remède propre à combattre toutes les maladies, on peut avancer que dans une infinité de circonstances elle produit les plus heureux effets.

Enfin l'eau est dans les arts un agent puissant et indispensable; mais on ne s'accorde pas sur les qualités qu'elle doit avoir pour y exercer l'influence la plus avantageuse.

On dit et on répète que telle *eau* réussit aux confiseurs, aux liquoristes, aux brasseurs et aux distillateurs d'eau-de-vie; que telle autre est propre pour les fabriques de colle, d'empois et de papier; que celle-ci convient particulièrement pour faire la pâte à porcelaine; que celle-là donne de l'éclat à la teinture. Nous croyons que toute *eau* qui cuit parfaitement les légumes, qui prend bien le savon, est également propre pour tous les arts, quelle que soit la rivière et la source qui l'ont produite.

A vrai dire, l'expérience a appris qu'il n'était pas absolument nécessaire d'avoir une eau très aérée, très dépouillée de substances salines et terreuses pour la boulangerie, la brasserie et la distillerie, qu'on peut facilement y employer de l'*eau crue*, celle de source ou de puits, parce que la manipulation, la fermentation qui ont lieu dans cette circonstance sont bien capables de modifier cette eau, et de suppléer à ce qui lui manque.

L'opinion des brasseurs et des raffineurs sur l'influence de l'eau dans leurs fabriques, n'est pas mieux fondée que celle des boulangers; tous obtiendront d'excellente bière, de forte eau-de-vie et de très bon pain, quand ils auront disposé, approprié leurs matières à une fermentation graduée et convenable.

Quant aux *eaux minérales*, il reste encore des phénomènes à expliquer et des difficultés à vaincre dans leur analyse.

Mais tout en convenant que leur examen est une opération indispensable pour connaître la nature et la proportion des principes qui entrent dans leur composition, pour les classer, et pour pouvoir au moins pressentir les effets qu'elles doivent produire, on ne peut se refuser à croire qu'il y a encore plus d'avantages à retirer des observations pratiques qui constatent, d'une manière plus positive, leur manière d'agir dans l'économie animale, et d'opérer les guérisons.

C'est donc en réunissant les observations pratiques aux résultats de l'analyse, que les gens de l'art obtiendront le complément des connaissances nécessaires pour déterminer plus sûrement, quelles sont les eaux à préférer pour le traitement des maladies, quelle est leur manière d'opérer, quels sont les principes qui doivent en régler l'administration, et les précautions indispensables pour en assurer le succès.

Enfin, c'est le seul moyen de parvenir à réduire par les faits, les vertus des eaux à leur juste valeur. Sans doute on a dit trop de bien et trop de

mal des *eaux minérales*. Les uns, sous le prétexte
de la petite quantité des matières qu'il faut pour
minéraliser une très grande quantité d'eau, et du
peu d'action qui doit en résulter, ont révoqué en
doute leurs bons effets; les autres, exagérant leurs
vertus, les ont présentées comme pouvant combattre et guérir tous les maux. Il est facile de ré-
pondre à la première objection, en faisant remarquer que les médicaments les plus énergiques
dépendent d'un infiniment petit. Nous ignorons
même ce qui agit dans la plupart des médicaments
composés : la chimie n'est pas parvenue encore à
faire connaître en quoi consiste l'action des remèdes sur nous ; et jusqu'à ce que nous ayons appris
à calculer la réaction de nos organes sur les médicaments, le médecin prudent ne doit prendre d'autre règle pour les administrer, que l'observation.
D'ailleurs pour prononcer avec connaissance de
cause, et apprécier le véritable effet des *eaux minérales*, il faut les avoir en grand, dans leur ensemble, avec tout ce qui participe à l'action qu'on en
attend. Qui pourrait douter en effet que le régime
et l'exercice que l'usage des *eaux* exige, le changement d'air qu'il suppose, la soustraction des
objets qui fomentaient ou entretenaient peut-être
la maladie, l'abandon du travail nuisible à la constitution particulière où à l'état actuel de la santé,
les voyages, la distraction, le changement dans le
mode habituel de la sensibilité et des affections
de l'âme, ne contribuent pour beaucoup au succès

des *eaux minérales?* Mais si les médecins sont convaincus que le concours de circonstances aussi favorables, doit ajouter à l'action des remèdes, et peut servir à détruire, ou au moins affaiblir certaines causes de maladies, il faut avouer aussi que l'éloignement où l'on se trouve de la source, double

Machine pneumatique.

souvent la confiance dans un moyen qu'on dédaignerait peut-être, s'il ne fallait pas se déplacer pour en faire usage.

Le triomphe de l'*analyse* est le *synthèse* ou la recomposition; et l'art de guérir à cherché à en tirer parti pour augmenter les ressources de son domaine.

Quelqu'avancé que soit l'art d'imiter les *eaux*

minérales, et malgré tous les avantages que nous venons d'exposer en faveur des *eaux artificielles*, nous croyons qu'on a été un peu trop loin, en disant que dans cette occasion l'art avait surpassé la nature ; et en effet, le fluide aériforme qui se trouve dissous dans une *eau*, n'est-il pas plus actif, le soufre plus atténué, le fer plus pur, le calorique plus intimement combiné ? Toutes les substances salines et terreuses qui ont déjà été travaillées par la main de l'homme, ne sauraient être comparées à celles que la nature destine, dans son immense laboratoire, à la composition des *eaux minérales*. D'ailleurs, en supposant qu'elles soient parfaitement semblables entr'elles, comment assigner à chacune sa place et sa manière d'être? L'eau elle-même qui en est le véhicule, se trouve-t-elle dans un état aussi homogène, aussi parfait? En supposant que les résultats de l'analyse ne présentent aucune différence, il nous restera toujours à savoir si le travail de l'analyse ne les a point formées, comme on dit, de toutes pièces : si réellement l'acide sulfurique et la soude, par exemple, ne pourraient pas, suivant l'opinion de Uadel, être charriés à part et sans former de combinaison. Enfin, nous ajouterons que, dans presque tous les cas, l'ouvrage de la nature a toujours un degré de perfection auquel nous ne pourrons jamais atteindre, quand nous y emploierions les mêmes matériaux, et que nous connaîtrions parfaitement le procédé d'après lequel elle opère.

Mais il n'y a presque que les gens aisés qui puissent profiter des avantages qu'offrent les *eaux minérales naturelles* : l'homme d'une fortune médiocre, le pauvre artisan, l'indigent, ne sauraient en faire usage à leur source, si elles ne se trouvent à leur portée ; il n'y a point d'établissement, point d'asile qui leur en facilitent les moyens : en les faisant venir, elles perdent quelquefois toutes leurs vertus ; et à cause de l'éloignement et les frais de transport, elles reviennent à un prix auquel ils ne peuvent atteindre ; souvent d'ailleurs on a besoin d'avoir des *eaux minérales* sous la main dans toutes les saisons, parce que les malades sont hors d'état de se rendre à la source, ou que celle-ci est peu accessible. Tous ces motifs doivent encourager et soutenir le zèle dans le travail pénible, dispendieux qu'ont exigé les recherches et les expériences nécessaires à un pareil dessein, et nous ne saurions trop applaudir aux efforts tentés en dernier lieu pour suppléer les eaux minérales ; c'est un nouveau bienfait des sciences de la société.

Mais il en est des *eaux minérales* comme des autres médicaments ; il faut, si on veut compter sur leur efficacité, saisir le moment opportun et les employer dans les doses convenables, et avec les précautions qu'elles exigent, soit avant, soit pendant, soit après leur administration ; car si elles n'apportent pas toujours d'altération sensible à la santé de ceux qui en boivent ou indiscrètement ou sans nécessité, elles sont au moins dans le cas

de manquer leur effet, lorsque devenues nécessaires, on ne met pas en pratique les moyens qui
qui peuvent en assurer le succès. Le meilleur et le
plus puissant de tous est sans contredit d'aller
boire les eaux à la source, où elles n'ont rien
perdu de leur température, de leurs principes et
de leur activité, et où l'on peut espérer de trouver
les conseils de l'expérience. Mais il arrive souvent
que le régime qu'on prescrit aux malades, loin de
favoriser la réussite des *eaux*, rend souvent nul,
et quelquefois préjudiciable, un secours que la
nature semble avoir principalement destiné au soulagement de l'humanité. C'est donc aux gens de
l'art de s'informer de la manière habituelle de vivre, afin de régler en conséquence celle qui devra
être suivie pendant l'usage des eaux.

Après avoir étudié l'*eau* au point de vue alimentaire et médical nous allons la considérer dans ses
rapports avec la physique et la Chimie.

La fluidité de l'*eau*, comme celle des autres liquides, tient principalement à la présence du calorique,
dont l'effet est d'empêcher ses molécules d'adhérer
ensemble, d'obéir aux lois de l'attraction

Lorsque l'*eau* est insipide, transparente, sans
couleur et sans odeur, elle a les principaux caractères auxquels ont reconnaît vulgairement sa pureté; mais la chimie, à l'aide de ses agents, prouve
que la nature ne nous l'offre jamais dans un état
de pureté parfaite.

Qu'outre le calorique démontré par sa fluidité et

l'air dont on la dépouille, et par la machine pneumatique, et par l'ébullition, et par la congélation,
elle contient encore des substances gazeuzes, salines, terreuses, métalliques.

L'eau, à raison de l'extrême petitesse de ses
molécules, de leur indépendance réciproque, de
leur mobilité, est une des liqueurs qui se soumet
avec la plus grande docilité et la plus grande exactitude aux lois de l'hydrosdratique, de cette partie
de la physique qui a pour objet la pesanteur de
l'équilibre des fluides.

Elle pèse non seulement quant à sa masse totale,
comme les substances solides, mais encore les parties qui la composent exercent leur pesanteur indépendamment les unes des autres et en tous sens,
et se mettent en équilibre entre elles, ou tendent
toujours à s'y mettre; de là, la théorie des *jets
d'eau.*

On ne peut déterminer au juste la pesanteur
spécifique de l'eau; elle varie suivant ses degrés de
pureté.

L'opinion la plus commune est qu'elle est à celle
de l'air comme 850 a 1.

L'eau est élastique; une pierre qu'on y lance dans
une direction fort oblique, non seulement se réfracte
à cause de la résistance que lui oppose ce milieu,
mais encore elle se réfléchit, c'est à dire qu'elle
se relève, qu'elle monte, qu'elle achève dans l'air
son mouvement par l'effet de l'élasticité du fluide.

L'eau est presque incompressible. Les physiciens

de l'académie del Cimento niaient sa compressibilité, appuyés sur une expérience que tous les autres physiciens regardaient comme concluante.

Mais Mongez, dans un mémoire inséré dans le
Journal de Physique du mois de janvier 1778,
soutint que *l'eau* est compressible, puisqu'elle est
élastique, puisqu'elle est susceptible de condensation. Il dit qu'elle se comporte à peu près comme

Niveau.

l'air comprimé violemment, qui brise souvent le
vaisseau qui le contient; qu'enfermée dans une
boule de métal, et exposée à la presse, elle cède
d'abord, mais que bientôt, elle se rétablit dans son
état naturel, qu'elle pénètre à travers les pores du
métal sous forme de rosée, et que par conséquent
l'expérience faite à Florence prouve le contraire de
ce qu'on imaginait.

Au reste, le degré de compressibilité de l'eau
n'est rien en comparaison de celui de l'air, ne ras-

sure point contre le danger qu'il y a de boucher
des bouteilles trop pleines, et ne diminue pas la
résistance qu'elle oppose, comme toutes les autres
liqueurs, à la compression, résistance sur laquelle
sont fondées l'extraction des sucs, l'expression des
huiles.

L'eau, dans sa congélation, présente des phénomènes particuliers.

Cristallisation de la neige.

Exposée à une température de l'air qui répond à
quelques degrés au-dessous de zéro du thermomètre de Réaumur, elle devient *glace*, c'est-à-dire un
corps solide, une espèce de verre transparent, élastique, fragile.

La glace prend une forme régulière ou irrégu-
lière, suivant l'intensité du froid qui la produit.
Par un froid de quelques degrés au-dessous de zéro
la congélation de *l'eau* est une véritable cristallisation qui présente des aiguilles qui se croisent, qui
s'implantent les unes dans les autres, et forment
des angles plus ou moins ouverts. A une température de beaucoup inférieure, l'eau se prend en une
masse informe, remplie de bulles d'air, qui la ren-

dent opaque ; sa superficie est inégale ; sa pesanteur est spécifiquement moindre que celle de l'eau ; aussi nage-t-elle sur ce fluide ; son volume est augmenté.

Les tuyaux des fontaines qui crèvent, les pierres, les rochers, les arbres qui se fendent, les pavés des rues qui se soulèvent, sont des effets de l'expansibilité qu'acquiert l'eau en prenant l'état de glace. Sa solidité est telle qu'elle peut être réduite en poudre. Son élasticité est très forte ; sa saveur est piquante ; elle a la propriété de s'évaporer ; l'air la dissout à la longue et l'emporte.

Cristallisation de la neige.

Elle est susceptible de perdre encore de son calorique, ou naturellement par l'air refroidi, ou artificiellement par des sels qui s'en emparent pour se dissoudre.

Comme nous avons à parler des *gaz* dans le chapitre suivant, nous y renvoyons ce que nous avons à dire de l'eau réduite en *vapeur*, et nous finirons ici par quelques mots sur les *liquides* en général, dont nous avons vu, en commençant, l'importance au point de vue de l'économie animale et végétale.

Au commencement des choses, tout était chaos, tout était mélangé ou plutôt noyé dans les eaux, puisque Dieu dût séparer l'élément *aride* de l'élément *liquide*. Mais ce ne fut que pour établir l'ordre et l'harmonie des deux éléments qui devaient se réunir de nouveau par mille combinaisons nouvelles et produire mille tableaux enchanteurs dans la création, comme les nuages, la neige, les fleuves et les mers, les sources, les fontaines, les cascades, la végétation, le mouvement perpétuel des éléments c'est-à-dire la vie, que les *liquides* charrient pour ainsi dire, dans tout l'univers.

Dans la vie animale, chaque organe a le sien. La peau secrète la sueur; la bouche donne la salive; l'estomac le suc gastrique; le foie secrète la bile; les mamelles donnent le lait; mais le plus important des liquides, dans la vie animale, mérite ici quelques détails.

La nutrition s'opère à l'aide de ce liquide particulier qui circule dans toutes les parties du corps déposant continuellement dans les divers organes les matières propres à leur entretien, que lui fournissent la digestion et la respiration, en entraînan avec lui les particules que se détachent de ces mêmes organes, pour les rejeter au dehors. Ce liquide, don la composition s'altère et se renouvelle sans cesse c'est le *sang*, dont la couleur est rouge en général En examinant ce sang au miscroscope, on voit qu'i est formé de deux parties distinctes: d'un liquid transparent appelé *serum* et d'une foule de petit *globules* colorés qui nagent dans ce liquide. Peu d'instants après que le sang a cessé de circuler, il se sépare de lui-même en deux parties, l'une liquide jaunâtre, et transparente, formée par le *serum* ; l'autre solide, molle, opaque et d'un brun rougeâtre, à laquelle on donne le nom de *caillot*. Les propriétés du sang ne sont pas les mêmes lorsque, après avoir servi à la nutrition des diverses parties du corps, il revient vers le poumon, ou quand, après

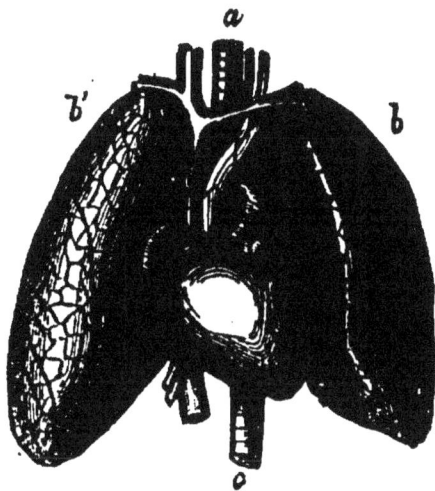

Cœur et Poumons (circulation du sang.)

avoir éprouvé l'action de l'air dans cet organe, il retourne ensuite vers ces mêmes parties : dans le premier cas, il est d'un rouge noirâtre, et ne possède plus la faculté d'entretenir la vie : on le nomme alors *sang veineux* ou sang noir ; dans le second cas, il est d'une couleur rouge vermeille, et porte le nom de *sang artériel*.

Le *sang* circule perpétuellement dans un système

propre de vaisseaux appelé *artères* et *veines*; ce mouvement est entretenu par un agent d'impulsion de nature musculaire qu'on nomme *cœur*. Les artères conduisent le sang du cœur dans toutes les parties du corps, et les veines rapportent ce fluide des différents organes vers le cœur. Ces vaissaux se partagent en plusieurs systèmes, qui offrent chacun l'image d'un arbre, composé d'un tronc, de branches et rameaux de plus en plus amincis, au point que les derniers rameaux échappent à l'œil par leur petitesse.

La *sève* joue le même rôle dans la vie végétale. L'eau absorbée par les racines, avec les matières solubles auxquelles, elle sert de véhicule, constitue la sève, qui commence à monter dans la tige. Cette sève ne change pas de nature jusqu'à ce qu'elle soit arrivée dans les feuilles, où elle se distribue par les veines de la face supérieure. Ce mouvement est activé par le développement des bourgeons, qui attirent à eux la sève. Lorsqu'elle a été distribuée dans les feuilles, elle éprouve, par l'action de l'air et de la lumière des changements remarquables, et devient alors le *cambium* ou suc propre, qui tend à redescendre vers les racines, le long des veines de la face inférieure des feuilles et le long de l'écorce, en se répandant horizontalement jusqu'au centre de la tige par les rayons médullaires, qu'on distingue bien dans les troncs coupés à la scie: c'est donc à la sève descendante qu'est dû l'accroissement du végétal. Cette sève circule principalement dans les parties de la tige où s'opère de nouvelles couches, c'est-à-dire le long de l'écorce et de l'aubier. Elle rcouvre la surface interne de l'une et la surface externe de l'autre d'une couche de ce liquide visqueux, appelé *cambium*. Bientôt les linéaments de l'organisation apparaissent dans ce liquide, et il se forme de nouvelles fibres qui prennent de la consistance : c'est ainsi que croissent en diamètre les tiges de nos plus grands arbres des forêts. Mais comment expliquer que la sève devient *bois* et le sang *chair* ; c'est le secret de Dieu, qui d'un grain de blé pourri dans la terre, en sait tirer une tige superbe et un épi magnifique.

Voilà donc les liquides présidant à la vie animale et végétales (1). Et n'avons-nous pas vu que tous les minéraux ont été liquéfiés par le feu ou dissous par l'eau. Et ne voyons-nous pas encore aujourd'hui fondre le sable pour en faire du verre? dissoudre par l'eau les pierres calcaires pour en faire la chaux, le plâtre et différents sels? Tous les métaux sont fusibles, et le mercure est particulièrement remarquable pas sa fluidité et la facilité avec laquelle il s'évapore en bouillant. Les minéraux combustibles comme la houille donnent des huiles minérales ; on trouve aussi d'autres liquides, des *bitumes*, dans le voisinage des anciens volcans : le plus remarquable est le pétrole, qui coule dans plusieurs vallons sous forme de nappe souterraine.

(1) Le vin, le cidre, l'eau-de-vie, l'huile, sont secrétés par les fruits des végétaux, comme le lait par les mamelles des animaux.

Voilà donc l'élément liquide dans les trois règnes
de la nature, où il joue toujours un rôle intermé-
diaire, facilitant les assimilations, rendant possibles
les affinités, et produisant le mouvement univer-
sel.

Mais l'élément liquide se métamorphose en *vapeur*
et dans ce nouvel état, il produit d'autres spectacles
non moins surprenants.

VII

LA VAPEUR ET LES GAZ

L'eau est dilatée et réduite en vapeur et en gaz
par le calorique.

Si on l'expose au feu dans des vases ouverts,
elle se dilate jusqu'à ce qu'elle ait pris le mouvement de l'ébullition ; alors elle cesse d'acquérir
plus de volume et de s'échauffer, quoique on augmente le feu ; mais elle se volatilise ; elle se réduit
en fluide connu sous le nom de *vapeur*.

Ce degré de chaleur que reçoit l'eau, à l'air libre,
est en raison de la pesanteur de l'atmosphère. Il
est moindre lorsque l'air qui pèse sur l'eau est plus
raréfié ; il est plus fort lorsque cet air est plus condensé ; sur' le sommet très élevé d'une montagne,
l'eau chargée d'une colonne d'air plus courte, moins

pesante, bout plus facilement qu'au pied de cette même montagne; elle a besoin d'un mouvement igné moins considérable pour être soulevée.

Chauffée dans un alambic, ses vapeurs refroidies se condensent et forme l'eau distillée.

Si on l'expose au feu dans des vaisseaux fermés, elle y prend un degré de chaleur indéterminé et sa vapeur occupe un espace quatorze mille fois plus considérable que celui qu'elle occupait sous la forme de liquide.

Le fluide aériforme dans lequel elle est changée, est prodigieusement élastique et compressible; son ressort est même plus puissant que celui de l'air; on le met à profit dans la *machine à vapeur*, dont nous expliquerons le jeu plus loin.

C'est à sa dilatabilité qu'on doit attribuer les pétillements d'une friture, le fracas horrible que fait un métal fondu en entrant dans les formes qui n'ont pas été séchées avec soin.

C'est à la même cause qu'on doit attribuer le bruit du tonnerre et principalement les explosions terribles des volcans. Le feu de ces fourneaux énormes une fois allumé, brûlerait avec tranquillité, si l'eau ne venait point troubler son action modérée; elle arrive au foyer ardent, elle s'y réduit en vapeurs, alors toutes les matières en fusion sont soulevées, sont lancées hors du cratère avec d'autant plus de violence qu'elles trouvent plus de résistance au passage.

L'eau pour être réduite en vapeurs, n'a pas tou-

7.

jours besoin du feu de nos fourneaux, ou de celui des volcans.

La nature fait en grand cette opération par le concours de la chaleur de l'atmosphère et par ce moyen elle fournit, ainsi que nous l'avons déjà vu, la source de nos rivières, par le moyen des glaces éternelles qui sont le réfrigérant du grand alambic de la nature.

L'air, en effet, joue dans cette occasion le ·rôle des dissolvants; comme eux il se sature d'eau; comme certain d'entre eux il laisse précipiter la subtance qu'il a dissoute; de là les pluies, la rosée, les brouillards, la neige, la grêle, qui, tombant sur la terre, y forment les sources, les rivières, les fleu-ves dont les eaux vont se rendre à la mer pour y souffrir la même évaporation, et donner de nou-veau naissance aux mêmes météores.

De sorte que par une circulation continuelle, l'eau passe de la mer dans l'air, de l'air sur la terre, et de la terre à la mer. Cette circulation, ad-mise comme la cause unique de l'existence des eaux courantes, on n'est point en peine d'expliquer comment les eaux sont douces, quoiqu'elles vien-nent originairement de la mer. L'eau, dans son évaporation, n'a pas la faculté d'entraîner les sels. Disons en passant pour être complet, qu'il en est de même dans sa congélation : la glace de l'eau de ·la mer est de l'eau douce; les marins le savent bien.

On explique aussi facilement pourquoi les sources se trouvent plus communément qu'ailleurs au pieds des montagnes. Ces grandes masses s'élèvent dans l'atmosphère, arrêtent les nuages, présentent plus de surface aux pluies et aux brouillards, se couvrent de neige; toutes ces eaux, en pénétrant insensiblement les montagnes, produisent au bas des écoulements perpétuels.

Décomposition de l'eau par le fer.

L'eau a bien la propriété d'éteindre le feu; mais dans un foyer trop ardent, elle se convertit en vapeur et elle a ainsi la faculté de l'entretenir et d'augmenter l'action de l'air avec lequel elle se trouve mêlée.

Nous l'avons déjà dit; l'eau entre comme partie constituante dans presque tous les corps de la nature, surtout dans les végétaux et les animaux. Le sang, la sève, toutes les liqueurs ne sont que de l'eau qui tient quelques principes en dissolution ou en suspension. C'est l'eau qui a charrié, déposé, uni, agglutiné les molécules de pierres; elle est, après le calorique, le plus grand dissolvant de la nature; elle n'a point comme lui d'action sur toutes les substances, mais par son union avec d'autres corps, il n'en est point qu'elle ne puisse attaquer. Véhicule de tous les acides, de tous les gaz salins, de tous les sels, elle dissout toutes les terres, elle facilite leur cristallisation, elle forme presque toutes les substances minérales.

Les anciens chimistes ont jugé que l'eau était un corps simple, parce qu'après avoir joué un très grand rôle dans la fermentation, dans la dissolution, après avoir existé sous une infinité de formes, après avoir servi de moyen d'union aux molécules dont l'agrégation forme les pierres, les os, le bois, après avoir enfin constitué tous les fluides des végétaux et des animaux, ils lui voyaient reprendre toutes ses propriétés, ils pouvaient l'amener au plus haut degré de pureté.

Newton commença à douter de cette simplicité de l'eau; Bayen augmenta ces doutes en annonçant qu'il obtenait des produits aqueux dans des circonstances où il n'était guère possible de croire à l'existence de l'eau dans les substances qu'il employait. Macquer et Cavendish observèrent qu'ils avaient obtenu de l'eau dans la combustion des gaz hydrogène et oxygène. Enfin Lavoisier, Laplace, Mo₁ ge et Meunier ont prouvé :

Que l'eau était véritablement composée d'oxygène et d'hydrogène ; que sa décomposition avait lieu par les corps combustibles ; que sa recomposition s'opérait par la combustion du gaz hydrogène par le gaz oxygène.

Cette découverte fournit l'explication d'une infinité de phénomènes qu'on ne pouvait comprendre auparavant.

La séparation entre les *gaz* et les *vapeurs* est ancienne ; elle était fondée sur une distinction qui ne peut subsister, savoir : que les gaz proprement dits étaient réputés fluides élastiques *permanents*, tandis que les vapeurs pouvaient se réduire en liquide. Mais on est parvenu récemment, sauf quelques exceptions, à liquéfier les gaz en augmentant suffisamment la pression et diminuant la température.

L'eau, chauffée graduellement, se vaporise avec une vitesse croissante ; et au point d'ébullition, la vapeur aqueuse soulève le poids de l'atmosphère et sort des vases avec violence. Mais il ne faudrait pas prendre pour de la vapeur l'espèce de brouillard qui apparaît au-dessus de l'eau en ébullition ; ce n'est que portion de vapeur refroidie et liquéfiée par le contact de l'air, et qui y flotte sous forme de gouttelettes. La vapeur réelle est tout à fait *invisible*, et en voici la preuve.

On sait qu'une colonne verticale de mercure de

76 centimètres fait équilibre à la pression de l'air, et qu'il ne reste rien au-dessus de cette colonne dans le tube du baromètre ; cet espace est ce qu'on appelle le *vide barométrique*. Si on y introduit une goutte d'eau, l'on voit celle-ci disparaître peu à peu et la colonne de mercure diminuer d'une manière très sensible. C'est qu'alors le vide baromètrique s'est rempli de vapeur d'eau invisible, ayant une force élastique nécessairement représentée par la dépression de la colonne mercurielle, car le poids de la goutte d'eau est nul en comparaison.

Il se forme donc de la vapeur dans le vide, et ce n'est pas l'air qui donne lieu à l'évaporation de l'eau ; au contraire, la présence de l'air est un obstacle ou si vous voulez un modérateur de la production rapide de la vapeur, car si l'on met sous le récipient d'une machine pneumatique un vase rempli d'eau, et qu'on fasse rapidement le vide, l'eau rentre un instant comme en ébullition, tant est rapide le dégagement de la vapeur ; nous disons *un instant*, car bientôt l'agitation du liquide cesse, de même que si l'évaporation du liquide avait un terme, et c'est en effet ce qui a lieu, comme nous le verrons ci-après.

Quand on a de la vapeur sans eau dans un tube vertical fermé par le haut, ouvert par le bas et plongeant dans un bain de mercure, si l'on vient à augmenter l'espace occupé par cette vapeur en retirant plus ou moins le tube hors du bain de mercure, sans toutefois qu'il cesse d'y plonger, on trouve que la force élastique de la vapeur est d'autant moindre que son volume est plus grand, et réciproquement, ce qui est la loi de *Mariotte* pour les gaz.

Ainsi la vapeur d'eau, comme celle de tous les autres liquides, obéit aux mêmes lois que l'air, sous le rapport des pressions et des dilatations.

La loi de Mariotte cesse d'être applicable à la vapeur, quand celle-ci restant à la même température, on diminue par trop son volume en augmentant sa pression, et il arrive un terme où la pression est à son *maximum*. Si l'on réduit le volume de la vapeur au-dessous de cette limite, une partie de la vapeur se *condense*, c'est-à-dire revient liquide et se dépose sous forme de gouttelettes contre les parois du vase, de telle manière que la pression reste à cet état maximum qu'elle avait atteint au commencement de la liquéfaction.

Si donc on réduisait de moitié un volume de vapeur au maximum de pression, une moitié de cette vapeur se condenserait ; et si l'on revenait au volume primitif, le liquide ainsi produit repasserait tout entier à l'état de vapeur, sans que la force élastique maximum ait été détruite un instant.

C'est sur ce principe que repose le force gigantesque des machines à vapeur. Le hasard vint en aide aux inventeurs. La machine de Papin n'avait que des mouvements très peu rapides, ce qui était un grave inconvénient. Un jour elle se mit à osciller

plus vite que de coutume. Après maintes recherches sur la cause de ce fait, on trouva que le piston était percé, que de l'eau froide tombait dans le
cylindre par petite gouttelettes, et qu'en traversant
la vapeur, elle l'anéantissait rapidement. La leçon
ne fut pas perdue. On adopta la *pomme d'arrosoir*,
qui porte une pluie d'eau froide dans toute la capa-
cité du cylindre au moment marqué par la descente
du piston. A dater de ce jour, les mouvements de
va-et-vient acquirent toute la vitesse désirable.

La vapeur provenant de l'ébullition de l'eau est
dirigée par un corps de pompe parcouru par un
piston. En injectant alternativement, et sans cesse,
un courant de vapeur au-dessous et un courant de
vapeur au-dessus du piston, et en faisant de même
alternativement le vide de la vapeur dans la partie
opposée, on obtient un mouvement continuel de
ce dernier, qu'il communique au reste de la machine.

Si l'invention de la machine *fixe* date de plus
d'un siècle, celle de la machine à vapeur pour les
chemins de fer, dite *locomotive*, ne date que de 1830.
En principe, elle est la même que la machine fixe
et que celle des navires à vapeur. Ses formes ne
diffèrent qu'en raison des besoins de son installa-
tion sur un véhicule de faibles dimensions, et la
puissance de sa marche est en raison de la quantité
de vapeur que la chaudière est susceptible de fournir pour l'entretien de la machine ; ce fut donc sur
le perfectionnement de la chaudière que dut s'ap-

LES MÉTAMORPHOSES DE LA MATIÈRE

Coupe d'une Locomotive

pesantir l'idée de celui qui entreprit de créer la locomotive moderne.

Après avoir assuré la solidité de ces machines, on s'occupa de leur faire acquérir de plus grandes vitesses ; pour cela on n'eut d'autres recours que d'augmenter la *hauteur* de la grande roue motrice. C'est ainsi qu'on est parvenu à acquérir des vitesses de 25 à 30 lieues à l'heure, vitesses effrayantes pour le voyageur novice, mais qu'on peut encore porter sans inconvénient jusqu'à 60 lieues à l'heure.

Mais, de tous les gaz immédiatement applicables à nos premiers besoins, c'est l'*air*, qui joue comme l'*eau*, un des premiers rôles dans la Création.

Notre globe est enveloppé d'une couche d'air dont on évalue la hauteur à 15 ou 16 lieues et qu'on appelle atmosphère. Les mouvements extraordinaires qui se produisent dans cette masse gazeuse, et que nous appelons les *vents*, ont pour cause principale les variations de densité produites dans les différents points de l'atmosphère par l'action de la chaleur solaire inégalement répartie sur la surface du globe. Ouvrez une fenêtre d'une chambre chauffée au poêle, et aussitôt il s'établira dans cette fenêtre un double courant d'air, ce qu'on peut facilement constater au moyen d'une chandelle allumée, dont la flamme indique que l'un des courants, celui d'en bas, se précipite en dedans, et que l'autre celui d'en haut, se dirige vers l'extérieur. Ceci se comprend : l'air froid du dehors, étant plus dense, plus pesant que celui de la chambre, lequel est dilaté par la chaleur, entre nécessairement par le bas, et chasse l'air chaud, plus léger, par le haut.

A cette cause principale des vents, il faut ajouter la pression exercée par les nuages, leur résolution en pluie, les orages, l'inflammation des météores, enfin l'attraction du soleil et de la lune et la rotation de la terre, qui influent surtout sur les vents réguliers et périodiques, comme les brises, les moussons, et les vents alisés. Les *brises* soufflent sur les côtes maritimes, de la mer vers la terre, vers neuf heures du matin jusqu'à quatre ou cinq heures du soir; elles reparaissent au coucher du soleil de la terre vers la mer.

Les *moussons* se font sentir à de plus grandes distances des côtes: ce sont des vents qui soufflent six mois dans un sens et six mois dans le sens opposé, mais seulement dans la zone torride.

Dans les mers ouvertes et au large des côtes se présentent enfin des vents qui soufflent perpétuellement dans la même direction : ce sont les *vents alisés*. En général leur mouvement est de l'est à l'ouet, dans le même sens que le mouvement diurne du soleil.

Tout le monde sait comment l'homme a su appliquer à son usage la force du vent, soit comme propulseur dans la navigation à voiles, soit comme moteur mécanique dans les moulins à vents. A l'aide de l'anémomètre, on a pu constater que la vitesse du vent varie depuis 30 mètres par minute, jusqu'à 2700 mètres qu'atteint quelquefois l'*oura-gan*, dont nous parlerons dans notre livre des *Météores*.

Les anciens avaient divinisé les vents, qu'Eole, leur roi, tenait enfermés dans les cavernes des îles Eoliennes : *Aquilon* et *Borée* venaient du nord, *Eurus* de l'orient, *Auster* et *Notus* du midi, et *Zéphire* de l'occident.

Mais aujourd'hui, nous savons que l'air est *pesant* et tend à tomber vers le centre du globe, comme toute autre matière soumise aux lois de l'attraction et de la pesanteur. Le vent n'est que de l'air qui se déplace en vertu son poids, et nous sentons que l'air, même calme, résiste plus ou moins à nos mouvements.

On démontre la pesanteur de l'air en retirant d'un grand ballon de verre tout l'air qu'il contient, au moyen de la machine pneumatique. Ce ballon étant vide, et son orifice fermé par le moyen d'un robinet, on le suspend à l'un des bras d'une balance, que l'on équilibre en mettant des poids sur le plateau de l'autre bras. Cela fait, on ouvre le robinet, l'air afflue dans le ballon avec sifflement, et le poids de ce ballon est alors augmenté d'une quantité appréciable, car on trouve qu'un litre d'air pèse un gramme et un tiers. Or un litre d'eau pesant mille grammes, l'air pèse environ 770 fois moins que l'eau : c'est ce qu'on appelle sa *densité*. C'est ordinairement à l'eau que l'on compare tous lés corps : ainsi quand on dit que la densité du fer est 7, on veut exprimer qu'un fragment quelconque de fer, pèse 7 fois autant qu'un volume égal d'eau.

On a encore d'autres preuves de la pesanteur de l'air par l'emploi du baromètre, des pompes, et du siphon, qui n'en sont que les applications.

Pourquoi le mercure se soutient-il dans le *baromètre* à une hauteur de 76 centimètres ? C'est que la surface du mercure, dans la cuvette, étant pressée par le poids de la colonne d'air qui repose dessus, il faut, pour l'équilibre, que tous les points de cette surface de niveau soient également pressés par une colonne de mercure d'un poids égal à celui de l'air. En conséquence une colonne de mercure de 76 centimètres presse comme une colonne d'air atmosphérique, l'un et l'autre s'appuyant sur la même base.

La mesure de la hauteur barométrique se fait au moyen d'une échelle métrique tracée sur la tablette verticale qui soutient le tube. Quand le temps est beau et sec, le baromètre monte et peut aller jusqu'à 79 ; lorsqu'au contraire le temps est pluvieux ou orageux, il baisse. On inscrit les expressions fixe, beau, variable, pluie ou vent, tempête, vis-à-vis des points de l'échelle qui correspondent le plus habituellement à ces divers états de l'atmosphère.

Lorsqu'on s'élève sur une montagne, la colonne d'air diminuant à mesure qu'on monte, la colonne du mercure descend rapidement, comme Pascal l'a constaté au Puy-de-Dôme. On peut ainsi mesurer la hauteur d'une montagne ou d'un édifice, d'après l'abaissement de la colonne barométrique.

La densité du mercure étant 13 et demi, il faudrait une colonne d'eau d'autant plus haute, c'est-

Baromètre.

à-dire d'environ 10 mètres, pour faire équilibre au poids de l'air atmosphérique; et c'est ce qui arrive en effet, comme des fontainiers l'observèrent pour la première fois à Florence; autrefois on s'imaginait que la nature ayant horreur du vide, l'eau montait dans les tuyaux de pompes, à cette seule fin d'y remplir le vide occasionné par l'ascension du piston. Mais si l'eau monte dans une paille dont vous avez aspiré l'air, ou dans un corps de pompe dont le piston a fait le vide, c'est que le liquide, se trouvant pressé par l'air sur tous les points en dehors de ces tuyaux, doit nécessairement monter dans l'intérieur, où il ne trouve pas de résistance. C'est ce qui explique le jeu des pompes et du siphon.

L'air est donc pesant; il est aussi singulièrement élastique, et ce sont ses vibrations qui nous transmettent les sons; on a des preuves manifestes de son élasticité, par les effets du fusil-à-vent et de diverses machines qui sont utilement employées dans les arts.

Voilà pour les propriétés physiques de l'air; il nous reste à faire connaître ses caractères chimiques.

La nécessité de l'introduction de l'air dans les humeurs des corps organisés, est prouvée par l'universalité de la respiration dans tous, car les animaux ne sont pas les seuls êtres qui en aient besoin; les plantes respirent aussi; elles ont des trachées, de petits orifices dans lesquels l'air pénètre au milieu de leur propre substance. Les feuilles sont des espèces de poumons pour les végétaux; elles absorbent de l'air et elles en exhalent. Les animaux aquatiques et ceux qui habitent sous la terre, ont aussi leur respiration. On a découvert par la chimie ce qui se passait dans l'acte respiratoire, et l'on s'est assuré qu'il s'opérait alors une sorte de combustion analogue à celle des corps enflammés. En effet, l'air est nécessaire à la flamme comme à l'animal qui respire; sans lui le feu et la vie s'éteignent; il était donc intéressant d'examiner les rapports de ces deux opérations. Uue bougie enfermée sous un vase qui ne contient que de l'air ordinaire, languit bientôt, meurt et s'éteint. On a remarqué alors que le volume de l'air était diminué, et que cet air n'avait plus la propriété d'être respiré, qu'il étouffait au contraire l'animal qu'on y introduisait. La diminution du volume prouvait la soustraction d'une portion de cet air, et ses mauvaises qualités annonçaient un changement.

En suivant ces expériences, on est parvenu à reconnaître que l'air de l'atmosphère était composé de deux parties essentielles que la chimie peut séparer; *l'oxygène* et *l'azote*, gaz mélangés habituellement avec un peu de vapeur d'eau et d'acide carbonique et accidentellement d'autres gaz dont nous parlerons ci-après.

On peut séparer ces substances étrangères et faire l'analyse de l'air pur, formé exclusivement d'oxygène et d'azote. Quel que soit le lieu de la terre où l'on ait pris de l'air pour l'analyser, on a toujours trouvé quatre cinquièmes d'azote et un cinquième d'oxygène.

Ce dernier qui pèse plus que l'air se rencontre dans presque toutes les matières végétales et animales, et dans la plupart des minéraux. C'est le corps le plus important de la nature et il est indispensable à la vie organique. Il est la cause active de la combustion, qui s'opère plus facilement quand il est seul. Une tige de fer ayant à son extrémité un morceau d'amadou allumé, venant à être plongé dans l'oxygène pur, y brûle avec une vivacité très grande en produisant une lumière telle, que les yeux ont de la peine à la supporter. Un oiseau qu'on indroduit sous une cloche pleine d'oxygène cesse bientôt de vivre. Il s'agite d'abord, puis ses mouvements deviennent rapides, sa respiration très accélérée, enfin il succombe; ce qui prouve que l'oxygène doit être mêlé d'azote pour exercer son influence salutaire sur la vie organique.

L'azote se distingue par des propriétés presque toutes négatives; il ne réagit directement sur aucun corps. Sa présence dans presque toutes les matières animales et son absence de la plupart des matières végétales peuvent servir à caractériser ces deux classes de matières organiques. L'azote pur est impropre à la respiration, et c'est de là que lui vient son nom qui veut dire *sans vie.*

Parmi les autres gaz importants, le gaz *hydrogène,* qui entre pour 15 centièmes dans la composition de l'eau, forme avec l'azote l'air inflammable des marais; combiné avec le phosphore, il s'enflamme avec explosion; comme il est 13 fois plus léger que l'air, c'est grâce à lui qu'on a pu s'élever dans les aérostats.

8

L'*acide carbonique*, qui n'est autre chose que du carbone combiné à l'oxygène, est plus pesant que l'air, dans lequel il entre pour un centième; c'est lui qui forme les eaux gazeuses ou acidules. Les acides minéraux passent à l'état de gaz par les modifications qu'ils éprouvent, soit par une soustraction, soit par une addition d'oxygène. Il y a en outre une infinité de combinaisons de gaz, dont nous allons parler dans les *mélanges chimiques;* ici, il nous faut revenir à des vues moins savantes, mais plus populaires et plus pratiques.

On sait que l'acte de respiration vicie l'air, ainsi que la combustion des substances destinées au chauffage et à l'éclairage. Il faut donc entretenir dans les demeures des courants d'air qui emportent les portions altérées, pour leur subtituer de nouvelles masses d'air pur pris à l'extérieur. Il est bon que l'air se renouvelle continuellement dans les appartements au moyen de petites ouvertures pratiquées assez haut pour que le courant d'air n'incommode pas les personnes.

Dans la respiration, le sang absorbe de l'oxygène et exhale avec de la vapeur d'eau du gaz acide carbonique. Ces produits exhalés viciant l'air des poumons, il faut que celui-ci soit renouvelé sans cesse par les mouvements alternatifs de l'expiration et de l'inspiration. La continuité de la respiration est nécessaire à la vie animale; lorsque cette fonction est suspendue trop longtemps, on tombe dans l'*asphyxie*, qui peut être produite par la privation seule de l'oxygène; elle est plus mortelle quand on respire un air délétère comme par exemple l'oxyde de carbone. C'est la respiration qui produit la chaleur du corps, laquelle varie de 36 à 40 degrés chez l'homme et les mammifères, et s'élève à 42 degrés chez les oiseaux. Il en résulte que la respiration de ces derniers est plus étendue

Baromètre métallique.

que celle des plus grands animaux. Elle est, en effet, en quelque sorte double, en ce que non seulement le sang respire dans les poumons, mais se retrouve encore en contact avec l'air pendant sa circulation à travers les autres organes. On voit que Dieu a eu pitié des petits oiseaux, qui dorment sous la neige, sans souffrir le froid que nous ressentirions.

L'atmosphère pourrait, à la longue, perdre une grande partie de son oxygène par la combustion et la *respiration*, si les végétaux n'avaient pas la propriété de décomposer l'eau, le gaz acide carbonique, et de verser dans l'air des torrents d'oxygène. Aussi l'air de la campagne est bien plus salubre que celui des villes, parce qu'il y a une multitude d'arbres et de plantes dans la première, et que les secondes sont des foyers de combustion et de *respiration* continuelles qui consomment beaucoup d'air pur. Les hommes s'étouffent ensemble dans les appartements, l'haleine de l'homme est un poison mortel pour l'homme, au physique aussi bien qu'au moral. Un air chargé de vapeurs, de gaz acide carbonique, privé de son gaz oxygène, produit bientôt la mort, il asphyxie. Voilà pourquoi il est si dangereux de tenir dans un endroit fermé, un brasier allumé, du vin ou de la bière en fermentation, de la pâte qui lève, parce que toutes ces substances exhalent beaucoup de gaz acide carbonique, enlèvent l'oxygène à l'air, et le rendent mortel pour tout ce qui respire. Comme respirer c'est être en combustion, il sera facile de voir si l'on pourra entrer sans danger dans un endroit dont on ne connaît pas bien la pureté de l'air ; par exemple, dans une cave fermée pendant quelques jours. Si une bougie ne s'y éteint pas, l'air y sera respirable ; si elle s'éteint d'elle-même, votre vie est en danger, si vous entrez. Nous portons dans notre sein un flambeau de vie qui a besoin d'air, comme la flamme ordinaire ; nous nous éteignons comme elle par la soustraction du principe vivifiant de l'atmosphère, l'eau éteint aussi la flamme vitale, car ce que nous appelons *être noyé* ne diffère pas essentiellement de ce qui arrive quand on verse de l'eau sur le feu. Mais notre combustion est cachée ; elle ne s'exécute pas avec la flamme, quoique les vapeurs que l'on expire soit une sorte de fumée. Cette combustion lente ne s'exécute pas seulement dans les poumons ; le gaz oxygène parcourt les vaisseaux artériels, s'y combine peu à peu avec le sang, lui donne une couleur vermeille, et le débarrasse d'une portion de matière charbonneuse ou de carbone, que contient le sang noir des veines. C'est principalement dans les vaisseaux artériels que s'opère cette combinaison d'oxygène, ou plutôt cette combustion.

Comme la chaleur est ordinairement une suite de la combustion, il était naturel de chercher s'il en était de même dans le corps des êtres qui respirent. On a trouvé en effet que les animaux qui respiraient le plus étaient les plus chauds, par exemple les oiseaux et les mammifères ; tandis que les reptiles, les poissons, les mollusques et les insectes qui respirent peu ont aussi une chaleur très faible. On a vu encore que tous les corps organisés jouissaient, en hiver, de quelques degrés de chaleur supérieure à celle des corps bruts et inorganiques. Ainsi le tronc d'un arbre, l'insecte, quoiqu'engourdis pendant l'hiver, gardent cependant un peu de

chaleur que le thermomètre fait apercevoir. Les
quadrupèdes qui s'endorment pendant l'hiver, conservent encore une petite partie de leur chaleur.
Les reptiles et les poissons surpassent de 3 à 4 degrés la température ordinaire de l'atmosphère,
et restent toujours dans une chaleur à peu près
égale, malgré le froid et le chaud.

On voit des *grenouilles*, des *tortues*, des *lé-
zards*, respirer à peine deux ou trois fois par
quart d'heure; une *tortue*, une *grenouille*, peuvent
rester même sous l'eau pendant plusieurs heures
sans reprendre haleine ; mais l'homme respire
environ vingt fois par minute, et des petits quadrupèdes respirent encore plus souvent. Aussi les reptiles sont toujours froids. Les poissons qui ne respirent que l'air interposé dans les molécules des eaux,
ne peuvent pas avoir beaucoup de chaleur, de même
que les coquillages, les mollusques et les crustacés
qui respirent par des branchies. Les trachées des
des insectes se subdivisent en une multitude de
petits rameaux ; dans l'intérieur de leur corps les
vers et les végétaux ont aussi une *respiration*
lente et sourde qui ne leur communique pas beaucoup de chaleur.

Cependant le dégagement de la chaleur ne s'exécute pas dans l'organe respiratoire lui-même,
puisqu'il n'est pas plus chaud que les autres parties
du corps, mais comme la combustion s'opère en
détail dans les différents tissus de l'organisation
vivante, la chaleur s'y répand avec uniformité.

Lorsque nous nous agitons avec force, la chaleur augmente dans notre corps, et la *respiration* devient plus rapide, afin de fournir de nouvelle chaleur pour remplacer celle qui s'exhale. Car la chaleur sensible des animaux à sang chaud, sort continuellement d'eux-mêmes, d'où il suit qu'il leur en faut de la nouvelle pour maintenir leur température au même degré. Ainsi l'oiseau qui se meut continuellement, et qui est pour ainsi dire brûlant, a besoin de respirer beaucoup par cette raison, sans cela il deviendrait glacé, de même qu'il faut plus d'air au feu à mesure qu'il est plus ardent. Mais le reptile qui perd peu de chaleur, qui agite moins ses muscles que les animaux à sang chaud, le poisson qui, nageant dans un milieu dense et aussi pesant que lui, n'a pas besoin d'une grande puissance musculaire ; ces animaux ont moins besoin de respirer que des espèces plus actives et ardentes. La mesure de la chaleur est donc proportionnée aux besoins de l'animal, et ne dépend pas de la température des corps extérieurs, puisque dans les ardeurs de l'été ou de la zone torride, comme sous la glace des hivers et des régions polaires, la chaleur intrinsèque des corps vivants n'est pas changée ; ils n'éprouvent la chaleur et le froid extérieurs que comme des modifications étrangères à leur nature. L'excès de l'un ou de l'autre est surmonté par les propriétés de la vie qui tendent à ramener l'équilibre naturel.

Mais pour bien saisir l'influence de la *respiration*

dans l'économie animale, il faut la considérer dans les différents animaux. Nous reconnaîtrons alors que l'activité de la vie est en raison directe de l'intensité de l'acte respiratoire; car tant qu'un animal ne respirent point, sa vitalité demeure insensible, comme le poulet dans l'œuf.

La plante dans sa graine, l'arbre au milieu de

Analyse de l'air par Dumas.

l'hiver, le reptile et l'insecte engourdis par le froid ne respirent point; ils n'ont point d'activité vitale; ils demeurent immobiles et inanimés, quoiqu'ils ne soient pas morts. On a même découvert que la graine ne pouvait pas germer si toute communication avec l'air était exactement interrompue, tandis que le gaz oxygène ou l'air vital excite promptement sa germination. Quels animaux sont les plus actifs, les plus forts et les plus *animés ?* Ce sont précisément ceux chez lesquels la *respiration* est la plus développée : les oiseaux et les mammifères. L'oiseau surtout est presque toujours en mouvement; rien ne surpasse la vigueur de ses muscles, la rapidité de tout ce qu'il exécute, parce qu'il respire plus que tout autre animal.

Voyez, dans les différents individus de l'espèce humaine, ceux qui sont les plus vifs, les plus robustes ; ce sont précisément ceux qui ont une large poitrine, et qui respirent avec facilité, tandis que les personnes à poitrine délicate, étroite et mal constituée, sont faibles, maladives et sans vigueur. Les hommes des villes qui respirent un air méphitique ont-ils la vigueur de nos paysans qui reçoivent continuellement l'air pur de la campagne ? Voyez combien l'air des pays marécageux, toujours rempli de vapeurs infectes, d'hydogène et de carbone, affaiblit les hommes qui les habitent, tandis que les montagnards qui demeurent dans un air vif et pur sont les plus robustes et les plus courageux des hommes; ils tiennent même de la nature des oiseaux ou plutôt des aigles; comme eux ils reçoivent les influences d'une atmosphère agitée et purifiée par les vents. Telles sont toutes les contrées élevées et sèches, mais les lieux bas produisent des hommes et des animaux d'une nature plus molle et plus faible parce que l'air y est moins pur, et que les vapeurs y sont abondantes et continuelles.

C'est donc la *respiration* qui rend la vie active, c'est l'air qui nous anime; c'est lui qui réveille l'enfant au sortir du sein maternel; c'est le prin-

8.

cipe de l'excitabilité des animaux. Les quadrupèdes
qui s'endorment pendant l'hiver respirent plus
lentement alors que dans le temps du réveil. Nos
inspirations deviennent aussi moins fréquentes
pendant notre sommeil; elles se font avec plus de
difficulté, c'est pourquoi l'on ronfle ordinairement.
Après avoir beaucoup mangé, les animaux sont
portés au sommeil, parce que la plénitude de l'estomac comprime les poumons, diminue la facilité
de la *respiration*, et fait refluer le sang au cerveau. Lorsqu'on s'agite avec effort, lorsqu'on exerce
fortement ses muscles, la *respiration* devient plus
intense et plus prompte pour fournir plus de vigueur
au corps; ainsi l'oiseau qui se meut avec une
grande vivacité, respire quarante à cinquante fois
par minute, ce qui est le double de l'homme. Les
poissons agitent vingt-cinq à vingt-six fois leurs
branchies par minute, mais chacune de leurs inspirations aqueuses ne leur donne qu'une très petite
quantité d'air. Les hommes du Nord sont plus
robustes que ceux du Midi, parce qu'ils respirent
un air plus vif, plus pur et plus condensé à cause
du froid. Or, un air condensé contient sous le
même volume, une grande quantité de gaz oxygène
ou d'air vital, il doit donc alimenter davantage les
forces du corps. C'est pour cela que nous sommes
plus actifs et plus vigoureux en hiver qu'en été,
indépendamment de la chaleur et du froid. Par la
même cause, nous mangeons alors plus abondamment; nous digérons mieux, car les oiseaux qui

respirent beaucoup, digèrent très vite, et quand on
respire peu, on mange moins. Ceci nous montre
encore combien la fonction respiratoire est analogue à la faculté digestive, et combien elles sont
correspondantes. L'abondance de la nourriture
exige une *respiration* intense afin de transformer
la matière alimentaire en sang et en nature animale, et réciproquement l'intensité de la *respiration*
appelle une grande quantité d'aliments pour établir
l'équilibre entre les fonctions de l'économie vivante.
Voilà pourquoi les animaux engourdis pendant
l'hiver ne mangent point, et les végétaux cessent
d'absorber alors les sucs de la terre.

Mais si la respiration a une si bienfaisante
influence sur la vie organique, la *nutrition* y
produit bien d'autres métamorphoses, par ses opérations chimiques sur les corps solides, liquides ou
gazeux, que nous venons d'étudier. Nous y distin-
guerons même un principe tout à fait distinct des
combinaisons de la matière et qui dit à la science
la plus audacieuse : « C'est ici que je t'arrête, tu
n'iras pas plus loin. »

VIII

PHÉNOMÈNES CHIMIQUES

L'univers est un immense laboratoire, où tout fermente, circule, et se transforme en mille combinaisons diverses, produisant perpétuellement des merveilles sous nos yeux distraits, sans que nous daignions seulemement fixer celles qui nous intéressent de plus près.

Nous venons d'analyser la *respiration* qui produit la chaleur dans notre corps par la combustion ou la combinaison de l'oxygène avec le sang. Mais la nutrition proprement dite nous rapproche un peu mieux des mystérieuses métamorphoses de la matière.

La nutrition est la fonction primitive, l'élément essentiel de la vie, ou plutôt c'est la vie principale elle-même.

Par la même raison, les matières brutes n'ayant aucune vie ne se nourrissent pas, car nous ne confondons pas une augmentation extérieure, une simple agrégation de molécules minérales, avec l'assimilation des corps étrangers, en la propre substance de l'individu qui les reçoit. Une masse de métal qui se mêle à un autre métal, ne perd point ses qualités particulières. Elle ne se transforme pas en une autre nature, elle reste toujours la même, dans ses propriétés fondamentales, quelle que soit sa forme, sa combinaison, quelques tortures variées que le chimiste lui fasse éprouver. Sa nature est donc indomptable et réfractaire à toutes les forces humaines. On en a un exemple bien frappant dans les travaux de ces alchimistes infatigables qui ont cherché la manière de transmuer les métaux en or, pendant près de six siècles. Cette mémorable folie humaine a du moins prouvé l'invariabilité des principes minéraux.

Mais dans les corps vivants, animaux et végétaux, les transformations sont perpétuelles ; dans le bœuf, le foin se change en chair ; dans l'herbe, dans l'arbre, les molécules animales et végétales que la terre à reçues des espèces vivantes, sont transformées en d'autres matières, un cadavre qu'on enfouit au pied de l'oranger, donnent des sucs agréables à ses fruits. La graine insipide devient dans le *faisan*, une chair délicieuse. La même terre qui nourrit le blé, fait naître des mêmes sucs, l'ail fétide et la vénéneuse jusquiame. Pourquoi tous ces changements dans une seule seule substance nutritive ? Pourquoi dans une même plante, dans un même animal, un partie est-elle amère comme la bile, l'autre douce comme la chair ou le fruit ? Pourquoi l'organisation de chaque espèce est-elle toujours la même dans toutes ses parties, et comment transforme-t-elle des matières bien différentes en sa propre substance, en sa même conformation ?

Voilà le phénomène qui s'opère chaque jour sous nos yeux, dont nous sommes les témoins éternels, et même les propres acteurs, phénomène étonnant, auquel les trois quarts du genre humain n'ont peut-être jamais songé, tant on est habitué aux merveilles de la nature.

En effet, vous aurez beau piler dans un mortier, distiller, macérer, faire fermenter, bouillir, putré-fier du pain, ou même de la chair, jamais vous n'en tirerez une seule fibre de chair vivante, orga-nisée et sensible. Vous n'en ferez pas même des des excréments; la chimie, si puissante sur les mi-néraux, est ici étonnée de sa complète impuissance; il lui serait bien moins impossible de former de l'or avec du mercure, que de créer une plante, un ani-mal avec les matériaux de la *nutrition.*

Il faut donc admettre une cause cachée et invi-sible qui opère ces merveilleux changements dans les corps vivants. Quand nous suivrions le cours des aliments dans l'homme, par exemple, quand nous interrogerions leurs divers changements, nous serions encore peu avancés. Ainsi, nous voyons le pain, la chair, broyés sous les dents, mêlés à la salive, descendant en masse pâteusse dans l'esto-mac, pénétrés et dissous en bouillie dans ce viscère, imbibés de différents sucs abdominaux dans les intestins, pompés en partie par les vaisseaux lactés et chylifères, versés dans les veines, envoyés au

cœur, et de là aux poumons, retournant au cœur
avec la masse du sang qui se répand ensuite en torrents dans toutes les parties du cops, les arrose,
les nourrit, les vivifie, tandis que les matières
grossières, non nutritives sont expulsées au dehors.

A mesure que les aliments sont pénétrés par les
liqueurs animales, ils acquièrent successivement
des propriété vitales ; ils se modifient, se disposent
à l'organisation. C'est ici une action du principe qui
nous anime, action totalement différente des causes
chimiques et mécaniques ; car, bien que la nourriture éprouve une modification physique dans ses
principes constituanst, elle reçoit de plus des qualités bien supérieures, puisqu'elle doit remplacer
les organes vivants à mesure qu'ils s'usent et se
détruisent.

Le corps des animaux et des plantes n'est jamais
dans le même état ; tantôt il est très nourri ; tantôt
il est affamé ; la vie est une machine qui a besoin
d'être souvent remontée, et qui tend d'elle-même
à se remonter. La faim, la soif sont des facultés
de chaque organe vivant, qui n'existent pas seulement dans la bouche et l'estomac, mais dans chaque fibre du corps ; car lorsqu'une partie quelconque à épuisé la quantité de nourriture qui lui est
apportée par la circulation, lorsque, faisant un
grand exercice et par conséquent une grande déper-
dition de subtances, elle sent le besoin de se réparer, elle crie famine, pour ainsi dire, à la porte de

l'estomac. En effet, chaque partie du corps *mange* plus ou moins selon qu'elle est plus ou moins active. Par cette raison, chacune d'elle concourt à la digestion générale dont l'estomac est le foyer, car la digestion ne s'opère qu'autant que les membres y concourent, et en ont besoin ; mais lorsqu'il y a réplétion dans les parties du corps, quoique l'estomac soit vide, la digestion n'a pas lieu, comme on l'observe dans une foule de maladies, de sorte qu'on pourrait dire, à la rigueur, que ce n'est pas l'estomac lui-même qui digère, mais qu'il est l'instrument de la digestion commune des membres. Il y a même plusieurs sortes de digestion dans les corps vivants. La première qui s'opère dans l'estomac n'est qu'une grossière séparation des matières alimentaires, qui sont ensuite digérées plus exactement dans les vaisseaux chylifères, ensuite dans le sang. La digestion pulmonaire est très remarquable par le changement qu'elle opère sur le sang, en lui donnant de la chaleur et une couleur purpurine ; à chacune de ces digestions, une partie moins animalisée est mise à part, ou rejetée au-dehors comme un excrément nuisible ; ensuite, il s'opère des digestions particulières dans chaque organe, d'une manière appropriée à sa nature. Le sang veineux ou artériel prend des propriétés particulières dans les diverses parties du corps qu'il va nourrir, ou dont il rapporte les excréments. Le sang veineux est chargé de cette dernière fonction, tandis que le sang artériel est nutritif. Toutes ces digestions partielles ont pour but d'approprier la matière alimentaire à l'organisation spéciale de chaque organe, car il faut que le même sang soit transformé en tissus membraneux, fibreux, musculaire, vasculaire, nerveux, cellulaire, cutané, glanduleux, ligamenteux, osseux. Or, ceci ne peut bien s'exécuter qu'à l'aide des digestions particulières de chacun de ces organes vivants. Il faut qu'ils choisissent les molécules convenables et rejettent les autres; il faut qu'ils travaillent encore ces mêmes molécules et les assimilent à leur substance, à leur texture, à leur vitalité. Chaque partie a donc une sorte de *goût* qui détermine son choix, une *volonté* ou plutôt un *appétit* relatif à son état. Il suit de là que chaque partie du corps animé à sa portion de vie qui lui est propre, ses qualités particulières, ses fonctions, sa manière d'être ; mais tout cela tient à l'ensemble du corps : chaque membre n'a qu'une vie d'emprunt, car si ce même organe est séparé du tout, il cesse de vivre.

Dans les plantes, la *nutrition* est plus extérieure que dans les animaux à cause de la disposition des vaisseaux nourriciers et des organes nutritifs ; ils sont placés vers la circonférence dans les premières, et à l'intérieur dans les secondes ; c'est pour cela qu'on a dit que la plante était un animal dont le dedans serait dehors. De même, l'animal est une plante dont les racines sont dans les entrailles. Les espèces d'animaux et de plantes dont l'organisation est très simple, ont une *nutrition* presque

immédiate. Le polype d'eau douce n'est presque
rien qu'un estomac vivant, qui peut digérer même
lorsqu'on le retourne comme un gant. Nous digérons aussi par la peau : elle est pour nous un estomac extérieur qui absorbe ce qui l'environne.
Ainsi, les bouchers, les cuisiniers qui sont toujours
plongés dans une atmosphère remplie de vapeurs
de chair et de sang, sont tous gras et sanguins quoiqu'ils ne mangent pas plus que les autres hommes.
Mais leur peau se rassasie de ces vapeurs nourris-
santes ; et l'on pourrait peut-être vivre pendant
quelque temps des seules matières absorbées par la
peau. Forster, dans un *voyage au nord*, assure
que des matelots pressé de la faim, soutinrent leur
vie pendant quelque temps en se baignant ; car
l'eau qui entrait dans leurs pores soutenait toujours
un peu leurs organes abattus par la disette. Il est
certain qu'on pourrait se passer de boire en se baignant, et qu'un bain de lait ou de vin est très forti-
fiant. Plusieurs plantes ne vivent que par de semblables absorptions.

Il est curieux de constater les métamorphoses de
la *sève* dans les végétaux, quoique sa composition
essentielle soit toujours la même.

La partie des sucs qui ne sert pas directement
à la nutrition et à l'accroissement du végétal, est
séparée pour être rejetée au dehors. La nature de
de ces sécrétions est très variée. Tantôt ce sont des
substances gazeuses, comme des huiles volatiles,
qui produisent les odeurs des plantes ; tantôt ce

sont des fluides plus ou moins épais, susceptibles de se solidifier : tels sont les sucres, les gommes, les résines, les cires, le caoutchouc. La cire des végétaux, analogue à celle des abeilles, se montre sur les prunes, les oranges.

En dehors des principes acides ou alcalins, les plantes contiennent encore diverses matières colorantes, comme la garance, le bois de campêche, l'indigo.

Analyse de l'air par Lavoisier.

Outre cette variété et ces métamorphoses incompréhensibles de la sève, que de variété dans la tige, le bois, les feuilles et les fleurs des plantes. Tout cela est produit par la *sève*, c'est-à-dire par une eau chargée de quelques atomes de débris organiques, dont les éléments essentiels sont presque toujours les mêmes.

Il en est de même du *sang* qui devient chair, muscle, nerf, os, ongle, cheveux. Qui pourra dire comment se produisent ces admirables transformations ? Comment une matière brute et qui paraît morte enfante-t-elle des êtres vivants pour les laisser mourir ?

Tous ces phénomènes étudiés par la science, nous font voir de plus près les œuvres de la Nature, qui se plaît à cacher ses mystères. C'est une profession bien intéressante pour un homme de génie que celle de chimiste. Décomposer et composer les corps, faire des gaz, des liquides, des solides nouveaux, utiles aux arts, aux manufactures, à la santé, à la guerre ; opérer des sortes de prodiges qui peuvent éclairer l'homme et résoudre des questions réputées insolubles ; créer des arts utiles précédemment inconnus ; tel est le but qu'il se propose. Rien ne borne son ambition scientifique ; aucun corps n'est simple pour lui ; il ne voit dans tous les fluides que des corps à décomposer et dont il pourra un jour montrer les éléments ; tous les métaux, tous les cristaux naîtront peut-être dans son laboratoire. L'inutilité des longs travaux précédent ne saurait le décourager ; le hasard et le génie peuvent renverser beaucoup d'obstacles. Nous savons que le diamant n'est que du carbonne pourquoi avec du carbonne ne pourrait-on pas faire du diamant ? Souvent en cherchant des choses impossibles on trouve des choses fort utiles et c'est ainsi que la chimie a fait de grands progrès.

Elle n'a été guère connue dans l'antiquité. Sous le nom d'*art sacré*, les Chinois connurent l'art de fabriquer le salpètre, la porcelaine et la poudre à canon ; les Grecs adoptèrent l'existence de quatre éléments : le *feu*, l'*air*, l'*eau*, et la *terre;* les Arabes, à partir du onzième siècle, la cultivèrent sous le nom d'*alchimie;* enfin les Croisades la firent répandre en Europe ; et, à partir du quatorzième siècle, on voit apparaître des hommes de génie qui ouvrent la voix aux progrès de cette science merveilleuse.

On doit à *Paracelse* l'emploie du mercure et de l'opium, quoiqu'il expliquât les maladies par l'influence des astres (1493). *Boerhaave* (1668), qui a entravé la marche de la médecine, a cependant fait une foule d'observations exactes, et réussi à décomposer le sang, le lait, et tous les fluides animaux. Il fit aussi avancer la botanique par les encouragements qu'il donna au célèbre Linné. *Palles* (1677), qui publia l'art de rendre l'eau de la mer potable, a fait plusieurs inventions utiles, entre autres, celle de ventilateurs destinés à renouveler l'air des hôpitaux, des mines et des vaisseaux. L'Ecossais *Black* (1728), soupçonna le premier l'existence de l'acide carbonique appelé *air fixe*, et montra sa présence dans les alcalis, la chaud et la magnésie. On lui doit aussi la découverte de la chaleur latente. *Margraff*, de Berlin (1789), associé à l'Académie des sciences de Paris trouva le moyen d'extraire de la potasse du tartre et du sel d'oseille, et de retirer du sucre de la betterave. Le célère *Scheele*, Suédois, découvrit l'oxygène, le chlore, le manganèse et plusieurs acides. L'anglais *Priestley* (1733), fut le premier à isoler l'oxygène et fraya ainsi la route à **Lavoisier.** On doit à *Cavendish* (1731), la découverte du gaz hydrogène, celle de la composition de l'eau et de l'acide nitrique. *Lavoisier* démontra, en 1775, que la calcination des métaux, et en général la combustion des corps, est le produit de l'oxygène avec ces corps, et opéra par cette découverte une révolution complète en chimie. Le tribunal révolutionnaire le fit périr sur l'échafaud, et il demanda en vain un délai de quelques jours pour achever des expériences utiles à l'humanité.

La décomposition de métaux alcalins, à l'aide de la pile de *Volta*, les nombreuses recherches de tous les chimistes modernes et la théorie des atomes ont ouvert à la chimie une ère toute nouvelle et l'ont établie sur des bases désormais inébranlables.

On nomme *cohésion* la force qui unit les particules matérielles dans leur état solide. La chaleur détruit cette cohésion en faisant passer les corps de l'état solide à l'état liquide, et de celui-ci à l'état gazeux. L'*affinité*, au contraire, provoque la réunion ou combinaison d'atomes de diverses natures et c'est à elle qu'on doit toutes les merveilles de la chimie. Si des atomes identiques viennent à se réunir, ils formeront un *corps simple*; mais si plusieurs espèces d'atomes se combinent d'une manière intime, il en résultera un *corps composé.*

Parmi les corps simples, outre les *métaux,* dont nous avons déjà parlé, il faut signaler les *métalloïdes,* qui ne jouissent pas de la propriété des

métaux, mais qui en ont d'autres très utiles à l'industrie et aux arts. On compte quatorze métalloïdes,
dont voici l'histoire intéressante en quelques mots.

L'*iode*, découvert en 1811 par Courtois se trouve
dans les plantes marine, dont on l'extrait en lessivant la cendre des fucus, et en chauffant cette eau,

Combustion du phosphore dans l'eau.

dite de *varech*, avec un excès d'acide sulfurique :
il se dégage des vapeurs violettes, qui sont de
l'iode, et qu'on purifie avec de l'eau, contenant un
peu de potasse. C'est un remède contre le goitre et
bien d'autres maladies.

Le *brome*, qui se trouve dans les eaux marines,
est un liquide d'un rouge brun, d'une saveur très

forte et d'une odeur très pénétrante. Comme il est très actif, on l'emploie dans la préparation des plaques de photographie.

Le chlore ne se rencontre dans la nature qu'en combinaison avec les métaux ou les sels. Les volcans exhalent des vapeurs formées de la combinaison du chlore avec l'hydrogène. Le chlore est un gaz jaune verdâtre qui exerce une action violente sur l'économie animale, excite la toux et une sorte de strangulation. On peut le combattre en avalant un morceau de sucre trempé dans de l'esprit de vin. Ce gaz peut être recueilli dans des vases secs parfaitement bouchés; on peut encore le conduire dans des bocaux pleins d'eau ; si au lieu d'eau pure on emploie de l'eau contenant de la chaux, on obtiendra le *chlorure de chaux*, employé pour le blanchiment des toiles et purifier les lieux malsains; si au lieu de chaux, on a mis de la potasse, on obtiendra l'*eau de javelle*. En chauffant le chlorure de chaux avec de l'alcool, on obtient le *chloroforme*, qui produit l'insensibilité pour les opérations de chirurgie. Une bouteille de verre blanc remplie par moitié de chlore et d'hydrogène, vole en éclats, sous l'influence de la lumière solaire, tant est grande l'affinité du chlore pour l'hydrogène. C'est cette propriété qui fait que le chlore détruit les matières colorantes et odorantes et qu'il est si utile dans les arts. Grâce au chlorure de soude, des plaies hideuses sont redevenues, en moins de 24 heures, vermeilles et de bonne nature.

Le *fluor* se trouve combiné dans la pierre qu'on nomme *chaux fluatée* en minéralogie. L'acide *fluorique*, liquide blanc d'une odeur très forte, d'une saveur insupportable est le plus corrosif des corps. On profite de la faculté qu'il a de ronger le verre même, pour graver au moyen de sa vapeur.

Le *tellure* est un solide brillant, très cassant, lamelleux et blanc; il bout et se volatise, quoiqu'il soit un peu moins fusible que le plomb.

Le *sélénium* est solide, d'un aspect plombé, fusible au-delà de 100 degrés. Il se ramollit au feu comme la cire, et se tire en longs filaments.

Tout le monde connaît le *soufre*. Solide, jaune et fragile à 108 degrés, il devient liquide entre 110 à 140 degrés, mais il commence à s'épaissir vers 160 et ne coule plus du tout entre 220 et 260 degrés; sa couleur est alors d'un brun rouge; enfin de 250 degrés jusqu'au terme de l'ébullition, il se liquéfie un peu. Si alors on le refroidit subitement, en le coulant dans l'eau froide, il reste mou, tandis qu'il devient cassant si on le laissent refroidir lentement. En brûlant dans l'air, le soufre engendre le gaz acide sulfureux. C'est par distillation qu'on l'extrait des terrains volcaniques. L'exploitation des solfatares est des plus simples. On enlève le soufre et on le fait fondre, soit dans les fosses, soit dans des pots, afin de le débarasser des matières terreuses qui le salissent et qui tombent au fond. On obtient ainsi le soufre brut qu'on purifie ensuite en le volatilisant et en condensant sa vapeur, dans de grandes chambres froides, sur les parois desquelles elle va se déposer en fleurs. On peut aussi fondre le soufre et le couler dans des moules en bois, sous la forme de bâtons, appelés *canons*. Le soufre sert à un grand nombre d'usages, notamment à la fabrication des allumettes, au moulage, à la fabrication de l'huile de vitriol dit acide sulfurique, et de la poudre à canon ; on l'emploi aussi en médecine pour guérir les maladies de la peau.

Le *phosphore* est solide, mou, odorant comme l'ail et l'arsénic, transparent translucide ou noir, suivant qu'il se solidifie lentement ou subitement dans l'eau. Mais la propriété la plus caractérisque du phosphore est de répandre une lueur lorsqu'il est exposé à l'air, où il se consume lentement. Chauffé ou simplement frotté, il s'allume et donne une vapeur blanche et épaisse, qui est de l'*acide phosphorique*, qui peut devenir solide à son tour, puis se volatiliser par la chaleur. C'est à la production naturelle d'*hydrogène phosphoré* qu'il faut attribuer ces flammes livides qui voltigent pendant la nuit sur le sol des cimetières et dans les lieux marécageux : on l'appelle alors *feu follet*. Comme les os contiennent du phosphore, ainsi que le cerveau et les nerfs, ces matières décomposées par l'humidité, laissent dégager l'hydrogène et le phosphore qui se combinent et prennent feu au contact de l'air.

L'*arsénic* est gris d'acier, fragile ; il se sublime sans se fondre et cristallise en tétraèdres, c'est un poison très subtil ainsi que tous ses composés.

Le *carbone* est le nom que les chimistes modernes on donné au charbon pur, qui est le résidu ordinaire de la combustion des substances végétales et animales qu'on a chauffées à *l'abri de l'air*. Ainsi obtenu, le charbon a de précieuses propriétés : il est noir, très poreux, capable d'absorber les gaz en les condensant dans ses pores, de purifier l'eau corrompue et de clarifier les liquides, en enlevant, soit leurs couleurs, soit les matières pulvérulentes qui s'y trouvent suspendues. Le charbon se trouve dans le sein de la terre à l'état de houille, d'anthracite, de lignite ; nous en avons déjà parlé.

Le *jais*, employé dans les parures de deuil, est un lignite compacte. Ce qu'il y a de plus remarquable, c'est que la plus dure des substances minérales, le *diamant*, n'est que du carbone pur cristallisé ; en effet, on est parvenu à brûler cette pierre précieuse, et l'on a obtenu, comme avec le charbon ordinaire, de l'acide carbonique.

Ce dernier, composé de carbone et d'oxygène, se dégage naturellement de quelques terrains volcaniques. Ce dégagement à l'air libre offre peu d'inconvénients ; mais lorsque ce gaz, qui est asphyxiant, se trouve accumulé dans les cavités souterraines ou dans des mines, il faut de grande précautions pour y pénétrer. Si la chandelle pâlit et à plus forte raison si elle s'éteint, il est essentiel, avant de descendre, de renouveler l'air et d'y répandre de l'eau de chaux ou de l'ammoniaque, qui absorbent l'acide carbonique. Ce gaz se dissout et forme l'*eau de seltz ;* c'est encore lui qui se dégage des *vins mousseux* de Champagne : il est produit alors par la fermentation. On le rend liquide par une forte pression et solide par le froid ; dans ce dernier cas, il est blanc comme de la neige. Mêlé à l'éther, il donne un froid, de près de 100 degrés au-dessous de zéro et forme les *réfrigérants,* dont nous avons déjà parlé ; mis en contact avec la peau, il y produit le même effet de désorganisation qu'une brûlure. L'air qu'on a respiré sort avec un peu d'acide carbonique provenant du carbone du sang combiné avec l'oxygène, et c'est comme nous l'avons vu la cause principale de la chaleur animale. Les parties vertes des plantes, les feuilles surtout, décomposent l'acide carbonique de l'air en s'emparant de son carbone et en mettant en liberté son oxygène ; ce qui explique la fraîcheur et la pureté de l'air des forêts.

Le *bore* est solide, sans saveur ni odeur, brun-verdâtre et pulvérulent, infusible. On l'extrait par la calcination de l'acide borique mêlé de potassium.

Le *silicium,* pulvérulent, brun-jaunâtre, infusible, s'obtient en calcinant un mélange de potassium et de fluorure double. Sa combinaison avec l'oxygène forme la *silice* ou le *quartz,* très répandu dans la nature, en combinaison avec l'alumine et formant avec elle les terres argileuses mêlées d'oxyde de fer et de carbonate de chaux, ainsi qu'un grand nombre de pierres. A l'état de pureté plus ou moins

grande, la *silice* constitue le sable, les cailloux,
la pierre à fusil, et les différentes qualités de quartz
ou de silex. Le cristal de roche est de la silice cris-
tallisée et parfaitement pure. La silice est employée
dans la fabrication du verre, des poteries et des
pierres précieuses artificielles.

Préparation de l'oxygène.

Le *quartz* est le nom minéralogique que porte
la silice à l'état cristallin. Il est ordinairement limpide (*cristal de roche*), parfois il est coloré en violet
(*améthyste*), ou en bleu (*saphir d'eau*), en jaune ou
en rosé (*fausse topaze*). La silice dissoute par l'eau

ou par le feu, puis solidifiée trop vite pour cristalliser
d'une manière régulière, se prend en masses plus
ou moins translucides et forme toutes les variétés
d'agates, colorées en rouge (*cornaline*), en orange
ou brun (*sardoine*), en vert (*héliotrope*). Les cristaux de quatz forment encore des *grès* plus ou moins
tenaces, diversements colorés et à grains lus ou
moins fins. Le *silex* est le dernier échelon des
quartz ; puis viennent les jaspes, avec un quart
d'argile et un centième de fer oxydé, qui sont opaques
ou de couleurs très variées. Le *tripoli* est aussi une
matière siliceuse, colorée par l'ocre, que l'on trouve
en Auvergne et en Bretagne, et qui sert au polis-
sage des métaux. L'argile à porcelaine, le kaolin
des chinois, qui contient : alumine 39, silice 50,
eau 9, se rencontre fréquemment dans les pays à
montagnes granitiques. C'est en France qu'on trouve
les plus beaux kaolins : à Cambo, près Bayonne ; à
saint Yrieix, près Limoges ; dans les environs de
Cherbourg et d'Alençon

L'oxygène et *l'azote* dont nous avons parlé ci-
devant, complètent l'histoire des quatorze métalloïdes, les seuls connus jusqu'à ce jour, et qu'on
partage en quatre groupes, en tenant compte de
leur affinité pour l'hydrogène : *iode, brome, chlore,
fluor* ; — *tellure, sélénium, soufre, oxygène;
— azote, phosphore, arsénic; — carbone, bore,
silicium.*

Quant aux autres *corps simples*, je veux dire les
métaux, nous ne pouvons pas ici en entreprendre

l'histoire. On en comptait 25 environ au commencement du siècle ; on en compte aujourd'hui 45,
dont les plus utiles sont : le *sodium*, le *potassium*,
qui forment la soude et la potasse, si connues dans
le commerce ; le *calcium*, qui forme la chaux et les
pierres calcaires et toutes les pierres à bâtir ; *l'alu-
minium*, qui forme les terres argileuses, et qu'on
extrait de l'alumine, laquelle constitue à l'état
cristallisé le *corindon*, le *rubis*, la *topaze*, le *saphir*
et *l'émeri* ; le *magnésium*, gris de fer, et formant
la *magnésie*, substance blanche, dont le sulfate est
amer et purgatif ; le *manganèse*, métal gris blanc,
cassant, dur et d'un faible éclat, dont le *peroxyde*
est employé dans les verreries pour détruire la
couleur jaunâtre de certains verres ; le *fer*, dont on
tire la fonte et l'acier ; le *nickel*, presque aussi
magnétique que le fer, métal blanc grisâtre, dur
susceptible de prendre du poli ; le *cobalt*, d'un gris
rougeâtre, plus fusible que le fer, dont les sels s'em-
ploient pour colorer en bleu les porcelaines et le
verre ; le *zinc*, que tout le monde connaît et qu'on
voit sur tous les toits sert aussi à faire le blanc de
zinc pour la peinture à l'huile ; le *chrome*, de la couleur de l'étain, dont les combinaisons sont remarquables par leur belle coloration ; *l'étain*, si connu
pour l'étamage des ustensiles de cuisine ; *l'antimoine*, d'un blanc bleuâtre, brillant, qui forme
l'émétique, vomitif puissant qu'on emploie aussi
comme mordant dans les ateliers d'indienne ; le
bismuth, dit *étain de glace*, blanc, très fusible,

qui produit avec le mercure l'étamage des glaces;
le *plomb* et le *cuivre*, dont l'usage est si populaire;
le *mercure*, si utile par sa fluidité pour les baro-
mètres et les thermomètres; le *platine*, le plus dur
et le moins fusible des métaux, qu'on met en
creusets pour fondre les autre métaux ; enfin *l'or* et
l'argent, cause, de tous les malheurs des peuples
civilisés.

Il faudrait plusieurs volumes pour décrire tous
les corps composés que la chimie et la nature
peuvent former avec tous les métaux. Nous ne dirons
qu'un mot des deux premiers, qui forment la *soude*
et la *potasse*. La première qui est blanche se trouve
dans plusieurs plantes marines, comme les algues
et les fucus, dont les cendres sont connues sous le
nons de *vareck*. Combinée à chaud avec les huiles,
la soude forme la base des savons ; et ses combinaisons avec le chlore forment le sel marins et le
sel gemme.

La potasse, qu'on obtient comme la soude en
lessivant les cendres et en évaporant la liqueur, est
blanche, fusible et très soluble dans l'eau. Le *nitrate de potasse* ou *salpêtre* se trouve dans les
Indes, à la surface du sol, et en Europe dans certains lieux humides comme les caves. Il entre
pour 75 pour cent dans la poudre à canon avec 25
pour cent de soufre et de charbon. Un mélange de
chlorate de potasse et de soufre détonne par la per-
cussion ; on en fait des allumettes.

Les phénomènes chimiques sont nombreux

comme les étoiles du ciel, et pour s'orienter dans ce champ si vaste et si fertile, il est bon de retenir quelques définitions, qui seront mieux goûtées et mieux comprises ici qu'au commencement de ce chapitre. Après la pratique, la théorie; mais une théorie concise et populaire.

Les corps simples, unis à l'oxygène, forment des *oxydes*, qu'on distingue en *acides* dans les combinaison des métaux; enfin en *corps neutres*, qui, comme les deux premiers, n'ont pas une tendance à se combiner pour former des *sels*.

Suivant les degrés d'oxydation, les oxydes se nomment protoxyde, bioxyde, trioxyde de fer; et le degré le plus élevé peroxyde.

Les acides reçoivent la terminaison *eux* et *ique*: acide sulfureux et acide sulfurique, le second renfermant plus d'oxygène que le premier; *hypo* sulfureux, *hypo* sulfurique marque le degré inférieur.

L'acide en *eux* donne un sel en *ite;* et l'acide en *ique* donne un sel en *ate*. Le *sulfate* de potasse est un sel formé d'acide sulfurique et de potasse. Un atome d'acide avec un atome d'oxyde base, forme un *sel neutre;* s'il y a deux atomes d'acide, c'est un *bisel;* tandis qu'avec deux atomes de base, c'est un *sous-sel*.

Un dernier mot, et j'ai fini ma théorie. On dit *sulfure* de carbone pour indiquer une combinaison de soufre et de charbon, donnant la terminaison *ure* au premier mot si le composé est solide ou

9.

liquide; mais si le composé est gazeux, on donne au second mot la terminaison *é*, comme dans l'*hydrogène carboné*, ou *phosphoré*.

Si vous aimez la chimie, la science la plus utile ici-bas et peut-être la seule que nous cultiverons là-haut, relisez ce chapitre, que vous comprendrez maintenant un peu mieux.

Combustion du fer dans l'oxygène.

Je continue donc et je répète que tout est chimie dans l'univers physique; tout est fermentation et circulation. La mort même n'arrête pas ce mouvement, car elle n'est qu'une décomposition des substances organiques végétales ou animales. Cette fermentation n'est pas le résultat immédiat de la cessation de la vie; mais elle est due à la présence de l'oxygène de l'air et au contact de l'eau. En effet, si la substance se dessèche ou se gèle, elle se conserve.

Les produits de la fermention sont ordinairement, pour les substances végétales, de l'hydrogène, de l'azote, de l'acide carbonique, de l'hydrogène carboné, de l'eau, de l'acide acétique et une substance noire dans laquelle le charbon prédomine : c'est le *terreau* qui sert d'engrais.

Le tannage et les embaumements sont aussi un moyen de conservation. On peut conserver les fruits dans l'alcool ou le vinaigre ; le sel conserve la viande bien desséchée ; mais la meilleure méthode pour conserver la bonté et la fraîcheur de ces aliments, c'est de les renfermer dans des boîtes soudées, qui les mettent à l'abri de l'air et de l'eau, surtout si on a tenu ces boîtes dans l'eau bouillante, dont la chaleur fixe intérieurement l'oxygène.

Les fonctions des êtres vivants se composent d'actions en partie mécaniques et en partie chimiques ; mais cette distinction n'est fondée que sur l'imperfection de nos organes et de nos moyens d'observation. Dans la nature inorganique, les phénomènes ne dépendent que des affinités chimiques et de l'arrangement des molécules. Dans.la nature organique on donne le nom de *forces vitales* à celles qui produisent les phénomènes qu'on ne peut expliquer. Les parties organisées sont nécessairement solides, et les parties organiques sont fluides.

L'analyse des corps organiques nous a appris

qu'ils sont composés d'oxygène, d'hydrogène, de carbone et d'azote, combinés avec plus ou moins de silice, d'alumine, de sel marin, de soufre, de phosphore, de phosphate et de carbonate de chaux, et de quelques oxydes métalliques.

Les substances qui existent dans les corps organisés à un état de combinaison définie, prennent le nom de matières immédiates. La séparation de ces substances est le point le plus difficile ; pour y parvenir, on emploie quelques dissolvants, tels que l'eau, l'alcool, l'éther, et quelquefois des alcalis et des acides étendus pour qu'ils n'altèrent pas les combinaisons qu'il s'agit d'examiner ; car une fois les matières organiques décomposées, il est impossible de les recomposer parce qu'à l'exception du carbone, les éléments de la nature organique sont gazeux, et que pour opérer l'union de ces gaz avec le charbon, il faudrait les prendre à l'état naissant. C'est dans l'acte de la végétation et de la nutrition que la nature crée tous ces produits organiques, qui ne diffèrent que par les proportions des parties constituantes, et que la chimie imitera peut-être un jour, tandis qu'il est absurde de supposer qu'elle réussisse jamais à former des corps organisés.

On connaît déjà plusieurs acides et alcalis organiques.

L'*acide oxalique* se trouve dans plusieurs plantes, combiné avec la potasse, la soude ou la chaux. On l'extrait surtout du rumex. En exprimant le jus de la plante on a le *sel d'oseille* (oxalate de potasse). Quant aux usages de l'acide oxalique, il sert en teinture, comme *rongeur*, pour détruire le mordant sur les parties de l'étoffe qui doivent rester blanches. On l'emploie encore à nettoyer les vases de cuivre et à enlever les taches d'encre, les oxalates de fer et de cuivre étant solubles.

L'*acide acétique* se trouve dans la sève de presque toutes les plantes. On le retire par la distillation du bois qui sert à faire le charbon : c'est l'acide pyroligneux ou *vinaigre de bois*, dont l'acétate d'alumine sert de mordant sur le rouge dans la teinture des toiles.

L'*acide tartrique*, qui provient de la *crème de tartre*, substance solide qui se dépose pendant la fermentation du vin, forme aussi des tartrates qui servent de mordant à la teinture, ou qui sont employés comme purgatifs sous le nom de *sel de seignette*.

L'*acide tannique* se trouve surtout dans l'écorce de chêne et dans la noix de galle. Les peaux, gonflées par la chaux caustique, l'absorbent rapidement et deviennent *cuirs*.

Quant aux *alcalis organiques*, on les trouve dans certaines plantes, combinés avec des acides organiques. La plupart sont solides, quelques-uns liquides ou volatils. Pris en petite quantité, ils servent de médicaments; mais ils sont de violents poisons, pris au-delà de certaines doses. La morphine, la narcotine et la codéine se retirent de l'opium; la quinine et la cinchonine, de l'écorce de quinquina. Tous ces alcalis végétaux sont formés de carbone, d'azote, d'hydrogène et d'oxygène. Le plus précieux est la *quinine*, qu'on emploie en sulfate comme fébrifuge.

Vus au microscope, tous les tissus des plantes sont disposés en cellules de formes très diverses, de consistance plus ou moins dure.

Toutes ces cellules paraissent être formées d'une seule et même matière gommeuse, combinée avec des proportions diverses de substances minérales qui, par la combustion, donnent les cendres du végétal. La composition chimique de cette matière celluleuse, abstraction faite des cendres, serait : carbone 12, hydrogène 10, oxygène 10. Le bois est le dernier degré d'organisation des matières celluleuses. Ici, les cellules ont pris toute leur extension et leurs cendres sont alors composées de potasse, de soude, de chaux, de magnésie, de silice, d'oxydes de fer, de manganèse, combinés soit entre eux, soit avec les acides carbonique, sulfurique ou phosphorique. Mais on ignore véritablement dans quel état se trouvent ces matières en combinaison avec la substance végétale. Le bois coupé est une espèce de cadavre qui s'altère aussi par une espèce de fermentation lente : c'est pourquoi on les enduit de goudron, de peinture, pour les préserver de l'humidité.

Mais une des plus curieuses métamorphoses de la sève, c'est de produire plusieurs couleurs dans le suc des plantes. Les teintures en *jaune* se font

par la gaude, le quercitron, le morus tinctoria des
Antilles et l'orpiment; on obtient les teintures en
rouge, par la garance, le bois de Brésil, par les
fleurs du carthame, et par l'hématine qu'on tire du
bois de campêche. Les teintures *bleues* se font par
les feuilles de l'indigo, et par le tournesol. La tein-

Hydrogène rendu éclairant.

ture en *noir* se fait au moyen d'un composé de
protoxyde de fer et de tannin. La couleur prend
toutes les nuances, depuis le gris le plus clair
jusqu'au violet le plus foncé.

Outre les couleurs inimitables des fleurs et des
fruits, par quelle mystérieuse combinaison la sève
produit-elle toutes ces huiles grasses, comme le
sang produit aussi les graisses et les suifs?

Les graisses et les huiles grasses diffèrent par le
point de liquéfaction. En général, les graisses se
figent aux températures ordinaires et ne se liqué-

fient qu'à des températures plus ou moins élevées. Les diverses huiles, toutes plus légères que l'eau, restent généralement fluides. Les principales espèces employées dans le commerce, sont les suivantes : l'huile d'olive, qui sert d'aliment; l'huile d'amande douce, employée en pharmacie; l'huile de faîne, extraite des graines du hêtre, employée comme l'huile d'olive; l'huile de colza, employée dans l'éclairage et dans la fabrication des savons verts; l'huile de ricin, purgative et résineuse; l'huile de lin, employée dans la peinture, pour les vernis gras et pour faire l'encre des imprimeurs; l'huile d'œillette ou de pavot, bon aliment et excellente pour l'éclairage; l'huile de noix, aussi utile que la précédente; l'huile de chènevis, qui sert dans la peinture, pour l'éclairage et la savonnerie; l'huile ou beurre de cacao, employée en pharmacie.

Il est inutile d'ajouter que les graisses s'obtiennent par la fusion, tandis que les huiles sont extraites des végétaux par trituration ou compression.

Toutes ces huiles grasses, sont dites *fixes* par opposition aux huiles volatiles dites *essences*, qu'on extrait des plantes aromatiques par la distillation avec de l'eau à 100 degrés. La principale de ces huiles, c'est la *térébenthine*, employée en médecine et dans la préparation des *vernis*, qui ne sont autre chose que des dissolutions de matières résineuses dans un liquide volatil. C'est ainsi qu'on dissout le copal, la laque, la colophane, la résine, le succin, dans les huiles de lin, de térébenthine, ou dans l'alcool et l'éther, en y ajoutant quelque matière colorante, comme la gomme-gutte, l'aloès, le safran.

Les graisses et les huiles fixes se combinent avec les alcalis, et forment ce qu'on appelle des *savons*. On emploie ordinairement l'huile d'olive et la soude. On commence par faire des dissolutions plus ou moins concentrées de soude, dont on enlève l'acide carbonique par la chaux. On décante ces dissolutions. On met la plus faible dans une chaudière, on la chauffe, puis on y ajoute alternativement de l'huile et les dissolutions alcalines faibles. On finit par y mettre une dissolution concentrée : alors le savon paraît à la surface du liquide. On le colore en gris par des substances étrangères, telles que les sels de fer et d'alumine ; pour précipiter ceux-ci, on verse dans le liquide une dissolution de soude caustique. Si l'on veut faire des marbrures, on ajoute de l'eau. On coule ensuite dans des moules. On considère les savons comme de véritables sels, à base de potasse et de soude, ces bases étant saturées par des acides gras. Les savons à base de potasse sont mous ; on peut les transformer en savons à base de soude, en les faisant bouillir dans une dissolution de sel marin. Les savons se dissolvent dans l'alcool ; en les faisant évaporer, on obtient un savon demi-transparent, nommé *essence de savon.*

Nous n'en finirions pas si nous voulions énu-
mérer tous les phénomènes que la chimie produit
sur les matières brutes ou organisées. Nous avons
dit, au début, que tout circule, tout fermente dans
le monde, mais qu'est-ce que c'est que la *fermentation ?*

C'est le mouvement spontané dans lequel entre
une matière organique, et duquel résultent des
substances différentes de celle où s'est manifestée
cette action. On distingue plusieurs sortes de fermentations : la fermentation *alcoolique* ou vineuse,
dans laquelle un moût sucré devient spiritueux, en
laissant dégager de l'acide carbonique ; la fermentation *acide*, où l'oxygène de l'air passe à l'état de
gaz acide carbonique, en portant l'alcool à l'état
de vinaigre ; la fermentation *putride*, que nous
avons déjà examinée, par laquelle un corps d'origine végétale ou animale, après avoir passé par
diverses phases, se trouve transformé en définitive,
en eau et en acide carbonique, et si la matière est
azotée, en plusieurs autres produits gazeux ; enfin,
la fermentation *panaire*, qui n'est que la réunion
des fermentations alcoolique et acide.

Lorsqu'on met un peu de farine de blé sous un
filet d'eau qui entraîne la fécule, il reste dans la
main une substance élastique et gluante : c'est le
gluten, qui forme les parois des cellules où sont
renfermés les grains de fécule, et dont la présence
est une cause des plus efficaces pour engendrer la
fermentation. Lorsque la pâte fermente, le gluten,

formant un réseau extensible, retient en grande partie l'acide carbonique, qui soulève ainsi la masse et la rend légère et poreuse; quand ensuite la cuisson la solidifie, cette pâte reste spongieuse et fournit un bon pain. Dans cette opération, la pâte développe une odeur alcoolique et ensuite acide, et si on la laissait longtemps dans les mêmes conditions, elle finirait par éprouver une décomposition : on la met donc au four lorsqu'elle est seulement gonflée et bien acide.

Dans la fabrication du vin, lorsqu'il y a plusieurs cuves en fermentation dans un même local, l'acide carbonique pourrait vicier l'air au point d'asphyxier les ouvriers, s'ils n'avaient pas, quelques minutes avant d'entrer, la précaution d'ouvrir les portes, qu'on laisse en général fermées pour obtenir une fermentation prompte et égale. Pour régler cette fermentation, il faut *fouler* la vendange lorsque le chapeau est fermé. On appelle *chapeau*, dans ce sens, la masse compacte qui se forme à la surface de la cuve et qui comprend tout ce qui n'est pas le jus du raisin; cette masse, au contact de l'air, passerait bientôt à la fermentation acide, si on ne l'enfonçait pas de temps en temps, et la cuvée serait perdue. D'un autre côté, c'est dans les pellicules des raisins que réside la substance résineuse qui colore le vin, et cette résine ne peut être dissoute que lorsque la fermentation a transformé en alcool le sucre contenu dans le raisin. On connaît qu'il est temps de décuver, à l'affaissement du chapeau qui indique la fin de la fermentation tumultueuse. Le moût a pris alors une saveur piquante, austère; sa saveur sucrée a complètement disparu.

Tous les jus extraits de fruits sucrés peuvent entrer directement en fermentation, puisqu'ils sont en présence de téguments végétaux; mais il faut le contact de l'air, car dans le vide, la fermentation n'a pas lieu. On peut même arrêter la fermentation alcoolique en faisant intervenir un corps avide d'oxygène, tel que l'acide sulfureux.

L'alcool est le dissolvant des résines, des huiles essentielles et de certains corps gras. Mêlé à de la neige, l'alcool produit un froid de 30 degrés. Ces propriétés appartiennent à l'alcool sans eau (*anhydre*) ou très concentré. On l'obtient d'abord fort étendu d'eau, et pour le concentrer, il faut le distiller plusieurs fois; car sa vapeur ayant plus de tension que celle de l'eau, chaque nouvelle distillation le sépare d'une certaine quantité de ce liquide.

Dans l'alcool que l'on boit et qu'on nomme *eau-de-vie*, il y a environ moitié d'alcool et moitié d'eau : c'est du 19 degrés à l'aréomètre Cartier. Les *trois-six* marquent 36 degrés. Pour obtenir l'alcool sans eau, on met de la chaux dans le trois-six et au bout de 24 heures, la chaux retient l'eau, et l'alcool passe seul.

Pendant longtemps, on a cru que l'alcool ne pouvait être produit que par des liqueurs sucrées; mais on a vu ensuite que toutes les céréales, qui

contiennent de la fécule, et même le bois, pouvaient
éprouver la fermentation alcoolique, après avoir
subi l'espèce de fermentation qui les transforme en
sucre incristallisable.

L'alcool se transforme en acide acétique ou
vinaigre sous l'influence de l'oxygène et d'un fer-
ment. A l'époque, où la confection du vinaigre est
devenu un art soumis à des lois, on avait déjà
remarqué qu'il fallait plusieurs conditions pour
déterminer la fermentation acéteuse et obtenir un
résultat parfait. La première est le contact de l'air
extérieur ; il s'agit pour la seconde d'une température de 18 à 20 degrés ; la troisième consiste dans
l'addition de matières qui jouent le rôle de levain :
lies de tous les vins, tartres, rejetons de vignes,
rafles de raisins, de groseilles, levain de froment
ou levure de bière, enfin toutes substances animales
et leurs débris.

Depuis que la nature du vinaigre a été mieux
connue, on est parvenu à en obtenir d'excellent
avec une foule de matières autres que le *vin*, et
dans lesquelles on ne soupçonnait pas auparavant
l'existence de principes propres à former un acide
comparable au vinaigre de vin pour les propriétés
économiques. On en fait maintenant avec le *poiré*,
le *cidre*, la *bière*, l'*hydromel*, le *lait* et plusieurs
semences des graminées ou des lamineuses. Grâce
au progrès de la chimie, nous sommes aujourd'hui
en état de multiplier à volonté le nombre des acides
de ce genre et de les faire de bonne qualité.

Tel est l'ensemble des phénomènes chimiques qui se présentent tous les jours dans les arts et dans la nature; mais pour nous faire une idée plus complète des métamorphoses de la matière, il faut encore examiner le mouvement et la vie universelle en général.

IX

LE MOUVEMENT ET LA VIE UNIVERSELLE

La puissance de la création ne s'est montrée nulle part avec autant de pompe et de profusion que dans l'immense domaine des productions vivantes. Dans les matières brutes, elle a prodigué les masses et les distances, en leur donnant des lois immuables mais violentes, qui agissent dans les abîmes des cieux comme dans les profondeurs de la terre : lois de mouvement, d'attraction, d'affinités, effets de chaleur et d'électricité pour pénétrer la matière impénétrable, donner une espèce de *vie terrienne* à la matière inerte, et faciliter les combinaisons de toutes les substances brutes, inaltérables dans leur essence, et dont les métamorphoses sont amenées par des causes étrangères à elles-mêmes. Un atome de fer ou de soufre resterait toujours le même jusqu'à la fin des siècles, si rien d'extérieur ne sollicitait un changement dans ses qualités par sa combinaison avec d'autres atomes. L'être brut est fixe, ses forces sont régulières, prévues, limitées; elles ont une invariabilité qui tient à leur nature simple et élémentaire. Les lois chimiques suffisent pour expliquer les phénomènes divers que présentent les corps bruts, parce que leurs actions ne sont jamais (ou presque jamais, car la nature se plaît à poser des limites à la science), contrariées par un *principe vital* également actif et changeant.

La nature a travaillé dans le *règne organisé* sur un plan différent de celui de la matière brute et inanimée; ici tout est soumis à une cause intérieure d'action, qui modifie les propriétés des masses organiques; ici les molécules de chaque *corps* ne sont point indépendantes, elles ne subsistent point par elles-mêmes; mais elles ne vivent que par rapport au tout, elles ne sont rien sans l'ensemble, elles se détruisent d'elles-mêmes quand on les en sépare; elles n'ont qu'une existence corrélative; tout tient à tout; le corps *vivant* n'est qu'un assemblage d'harmonie, un cercle où tout s'enchaîne, où les rapports sont réciproques et continuels.

Tout corps *organisé*, c'est-à-dire dont le tissu est composé de fibres et de vaisseaux, jouit de la vie tant qu'il n'est point altéré dans sa conformation et ses organes. Il est impossible de séparer de l'organisation les propriétés vitales, et lors même que la mort a frappé les animaux et les végétaux, quelques rayons de vitalité brillent encore dans leur tissu non décomposé ; les feuilles sèches, les peaux, les fibres d'un *corps* mort sont encore susceptibles de se resserrer, de se crisper, de se mouvoir, de s'agiter, lorsqu'on leur applique de violents stimulants, tels que le feu ; ou de se relâcher, de s'étendre par l'eau chaude, les délayants. Ces propriétés ne sont pas seulement mécaniques, comme on se l'est faussement imaginé, puisqu'on ne voit rien de semblable dans les masses brutes et toujours inanimées.

Il semble donc que la vie et l'organisation soient une même chose, puisque l'une ne peut jamais exister indépendamment de l'autre, et qu'elles sont constamment en raison directe de leur perfection ; car les êtres les mieux organisés ont aussi une vie plus énergique et plus développée.

Mais, pour bien faire ressortir tous les phénomènes qui distinguent les *corps vivants* et par conséquent *organisés*, considérons un moment combien les matières minérales en sont indépendantes. Quand il n'y aurait eu sur la terre aucune plante et aucun animal, comme aux premiers jours du monde, selon toute apparence, le globe en aurait-il moins subsisté ? aurait-il moins circulé dans son orbite elliptique autour du soleil ? aurait-il moins rempli son rôle dans la grande scène de l'univers ? La terre, il est vrai, dépouillée de sa verdure et de sa beauté, eût roulé silencieusement

dans les cieux ; stérile et sauvage, son aspect aride
et dépeuplé, ses éternelles solitudes eussent été
inutiles et épouvantables ; l'écho n'eût jamais
résonné du doux chant des oiseaux ; l'antre n'eût
point recelé l'ours ou la panthère ; les vallées ne se
seraient jamais émaillées de fleurs ou revêtues de
verdure ; la rose n'eût point embelli la roche solitaire de son feuillage et de sa fleur ; le narcisse ne
se fût jamais admiré dans l'onde de la fontaine, et
la cime des forêts n'eût pas ondoyé sous l'haleine
des vents : tout serait désert, affreux, inanimé ; la
vue se fatiguerait sur l'aride solitude ; rien ne vi-
vrait, rien n'offrirait le spectacle de l'activité, de
l'amour, de l'abondance et de la fertilité ; la mort
serait partout ; partout impuissance de vivre, insensibilité, tristesse et destruction.

Toutes ces considérations témoignent que nous
ne sommes que les parasites de la terre ; qu'elle
peut exister indépendamment de nous, et que notre
vie ne tient qu'à un état susceptible de modifications et de changements que la suite des siècles
peut amener, soit en dérangeant l'orbite de la
terre, soit en l'éloignant ou la rapprochant du
soleil, soit en la bouleversant, l'inondant, ou l'em-
brasant par l'approche ou le choc de quelque comète. Nous passons dans l'espace de quelques
années ; les générations se perdent dans la nuit
des siècles, de sorte que nous ne connaissons que
la moindre partie des temps écoulés ; nous ne
voyons pas les extrémités des choses, nous n'aper-

10

cevons que le milieu où nous nous trouvons ; quelques siècles sont pour nous l'antiquité ou la postérité ; mais ce n'est qu'un point pour la nature.

Les *corps organisés* ne sont donc pas indépendants dans le système de l'univers ; ils sont subordonnés au tout, et leur vie est relative à une foule de combinaisons et de modifications qui leur sont extérieures ; cette vie est coexistante aux matières brutes, dont elle semble dédaigner les lois. Ainsi, rien n'est unique et libre dans la nature ; tout s'influence mutuellement ; tout s'enchaîne et s'engrène de telle sorte, que pour connaître un seul être il faut consulter tous ses rapports avec l'univers, et tous ceux de chaque être avec lui, ce qui fait que la matière ne peut jamais être connue dans tous ses attributs et dans toutes ses nuances.

Toutefois, ce qui distingue les êtres vivants des masses inanimées, est un ensemble de caractères assez remarquables pour qu'on puisse tracer entr'eux une ligne immuable de démarcation. Le premier attribut est celui de *l'organisation*, c'est à dire d'un assemblage de molécules disposées dans un ordre régulier, différent de la simple agrégation et de la cristallisation ; ordre qui constitue des fibres, des vaisseaux, et un appareil de pièces diverses, liées entr'elles, et concourant à des fonctions déterminées. Toute organisation se compose de substances liquides et de solides ; celles-ci sont tirées des premières, qui existent dans une action perpétuelle et réciproque les unes sur les autres pendant la vie, qui réparent continuellement et modifient sans relâche l'être vivant. Au contraire, tout minéral est solide, la liquidité est étrangère à son essence ; ses formes sont abruptes, indéterminées ou cristallines ; ses molécules sont agrégées, mais indépendantes dans leur propre nature, et invariables par elles-mêmes ; c'est pour cela que les analyses chimiques des minéraux sont l'expression exacte de la nature de ces *corps*, de sorte qu'elles peuvent les recomposer par la synthèse ; tandis que toutes les analyses chimiques des *corps organisés* sont fausses, et qu'il est absolument impossible de réformer ceux qu'on a détruits. Le moindre chimiste peut analyser et refaire une mine d'antimoine, un oxyde de mercure ; mais quelle force humaine pourrait jamais faire revivre l'arbre qu'on a brûlé ?

S'il est vrai que la vie ne soit conservée que par l'aliment tiré des matières organisées, il faut nécessairement que les *corps animés* se détruisent entr'eux, pour vivre tour à tour, parce que les *corps morts* ne suffisent pas pour remplir ce besoin. L'animal carnassier vit des animaux, et ceux-ci dévorent les végétaux ; enfin ces derniers se réparent des végétaux détruits. Ainsi la destruction est le fondement de la réparation ; la mort de l'un fait la vie de l'autre. Il s'établit donc un cercle éternel de renouvellement et de mort où la matière change incessamment de forme, active ou passive, animante ou animée ; la constance des espèces

émane de l'inconstance des individus. Cette circulation, cette perpétuelle oscillation entre la vie et la
mort, fut peut-être le fondement physique de cet
ancien dogme des deux principes qui se disputent
l'empire du monde, le bien et le mal, *ormuz* et
ahrimane, que les Indiens, les Manichéens, et
d'autres grandes sectes religieuses ont longtemps
conservé dans le sein de l'Asie.

La mobilité de la nature vivante est le fondement
de sa constance : elle n'a pas voulu qu'il existât un
être inutile dans l'univers. Cette mousse, ce ver
qui vous paraissent sans usage, tiennent à d'autres
espèces, ils servent à leur nourriture ; eux-mêmes
vivifient la matière morte, ils tiennent leur place
comme l'homme et l'éléphant ; ils sont égaux aux
plus puissants des êtres, car la nature, agissant par
des lois générales et invariables, n'admet aucune
prérogative. Il fallait que chaque chose fût nécessaire, puisqu'elle s'est donné la peine de la créer.
L'animal carnassier suppose d'autres animaux,
comme ceux-ci supposent les plantes. La nature a
voulu que chaque être eût sa fonction à remplir
sur la terre ; que ses lois fussent entendues au sein
de l'océan et dans les entrailles des continents,
comme dans le vague des airs ; il n'est pas permis
de s'y soustraire sans être puni de mort. La nature
cherche la vie, lors même qu'elle semble donner
la mort, car nous avons vu que celle-ci était le
soutien de la vie. Les animaux carnivores, les
plantes parasites qui semblent augmenter le do-

maino do la mort, no lo font quo pour donner do
nouvolles vies; la déprédation des insectes, les
brigandages des quadrupèdes féroces, les attaques
des oiseaux do proio, les guerres éternolles des

poissons, et parmi les végétaux, ceux qui croissent
aux dépens des autres, ne font que transformer la
matière vivante sans lui ôter la vie.

Lorsque nous considérons les êtres vivants qui
peuplent le monde, et ce concours éternel de vie,

de reproduction et de mort, nous sommes frappés de la puissance de la nature. Nous voyons avec effroi les âges entraîner avec eux toutes les existences pour renouveler l'univers. Les temps passés ne sont plus qu'un vain songe pour nous. Combien de rois confondus aujourd'hui dans la terre avec les derniers des hommes! Voyez ces princes des peuples; ils semblent s'élever jusqu'aux cieux : le temps passe; voilà le colosse brisé, et le pauvre cherche en vain ses débris dans les lieux qu'il remplissait autrefois de sa gloire.

Telle est la loi de Celui qui règne dans les cieux, loi qui renouvelle et détruit, et dont les siècles sont les ministres. Depuis l'homme jusqu'au moucheron, depuis le chêne jusqu'à la mousse, tout naît et périt tour à tour; on n'achète l'existence qu'à ce prix. Les corps organisés sont les seuls qui doivent mourir, parce qu'ils sont les seuls qui puissent vivre, car les minéraux, n'étant pas organisés, sont privés de la faculté de vivre.

Le principe vivifiant, source commune de tout ce qui respire, est une émanation de la divinité; il n'est point de l'essence de la matière, puisque la mort le sépare d'elle; il repasse dans de nouveaux corps et circule sans cesse dans toute la nature; mais les corps organisés sont, pour ainsi dire, des foyers où cette puissance divine s'est concentrée, tandis que les masses brutes ne sont pourvues que de qualités plus générales et de forces mécaniques ou chimiques.

Cependant, nous voyons qu'il s'élève un germe
de vie, depuis la masse informe de terre jusqu'au
champignon, du champignon jusqu'au chêne, et
depuis le ver de terre jusqu'à l'espèce humaine.
Cette âme de la matière semble germer dans plusieurs minéraux, se perfectionner peu à peu dans
les végétaux, et s'exalter par nuances dans toute la
série des animaux jusqu'à l'homme, qui en est
comme la fleur, la portion la plus délicate et la
plus subtile.

L'ensemble de la matière est donc séparé en deux
grands règnes, qui embrassent tous les êtres connus dans l'univers ; la *matière brute*, qui est la
base du globe terrestre ; les fossiles, l'eau et l'air ;
les *corps organisés*, qui sont les végétaux et les
animaux. La première, toujours inanimée, n'obéit
qu'aux impulsions physiques et chimiques, et aux
forces mécaniques généralement répandues dans
l'univers. Le second règne, toujours animé, doué
d'une force vive, est composé d'êtres qui tous
naissent, se nourrissent, s'accroissent, et meurent
tour à tour. La pierre du temps du déluge subsiste
encore aujourd'hui ; elle a traversé les siècles et
persévéré dans l'éternelle immobilité de sa nature.
L'animal et la plante se succèdent sans cesse,
comme au sein de l'Océan le flot remplace le flot,
l'onde pousse l'onde, qu'une autre pousse à son
tour. Le moment présent n'est qu'un point entre
deux abîmes, celui du passé et celui de l'avenir, au
milieu de l'océan des âges. Le minéral ne connaît

ni passé, ni présent, ni avenir ; c'est le contempo-
rain de tous les siècles. Ne pouvant pas vivre, comment pourrait-il mourir ? Tant que des forces
étrangères ne viennent point altérer sa forme et son
essence, il demeure toujours le même ; chacune de
ses parties est indépendante du tout, elle peut
subsister par elle-même, et n'a point d'individua-
lité. La matière vivante, au contraire, est composée
de parties correspondantes entr'elles, et qui ne
subsistent point séparément. Le corps organisé est
un tout individuel dont l'existence est bornée, et
dont la durée est la seule mesure des temps. Les
principes de son existence et les germes de sa
destruction, sont en lui-même ; le minéral n'a point
de principes individuels d'existence ; il ne subsiste
que par les forces générales de la matière brute ;
tous ses changements, toutes ses altérations n'éma-
nent point de lui-même, mais dépendent des puissances circonvoisines dont il est perpétuellement
entouré.

La matière inanimée, les corps organisés, sont
ainsi un éternel théâtre de vicissitudes ; tout
change, tout périt, tout s'altère, et tout renaît dans
l'ample sein de la nature. Ce ne sont pas des créa-
tions nouvelles de matière qu'on voit naître, briller
et s'éteindre successivement dans la scène du
monde ; ce sont de perpétuelles transformations et
des changements de figures. La matière demeure
la même, au fond, mais elle est tourmentée de
mille manières par de secrets ressorts ; elle est

remuée en tous sens, tantôt déchirée de combats
intérieurs dans ses entrailles, tantôt organisée par
des principes de concorde entre ses diverses substances.

A l'origine des mondes, lorsque la matière, vierge

encore, parut pour la première fois dans le sein des
espaces, sortant des mains de son Créateur, elle
fût demeurée immobile et éparse au milieu de
l'univers, si la main toute puissante qui l'avait fait
naître, ne l'eût empreinte des semences de vie et
des principes d'attraction qui la fécondent sans
cesse. Cette âme intérieure des mondes est la
nature; force toujours active, toujours constante

dans ses changements, toujours obéissante aux lois immuables du Créateur qui lui donna l'empire de l'univers physique, et qui se réserva seul les droits de la toute-puissance.

La matière, ou ce grand assemblage de corps qui composent l'univers, est donc un mélange multiplié de divers principes, dont la nature est fixe, invariable. Ce sont des *éléments* qui entrent dans la composition des différents corps. Les anciens en admettaient quatre : le feu, l'air, l'eau et la terre ; mais, depuis que les observations des hommes ont fait reconnaître que ces substances étaient encore composées de diverses matières plus simples, le nombre des éléments a paru plus considérable ; et ce que nous considérons aujourd'hui comme élémentaire, n'est peut-être qu'une preuve de notre insuffisance pour en séparer d'autres éléments primitifs. La nature enferme, dans ses profonds replis, le mystère de ses opérations ; l'homme n'en voit que l'écorce. Observateur passager d'une puissance éternelle, il n'en peut pas reconnaître tous les immenses ressorts, au milieu de ces renouvellements et de ces révolutions de la scène du monde.

En contemplant, dans la nature, les deux ordres de matières qu'elle a formés, les substances brutes et les corps organisés, on y reconnaît deux espèces de forces qui sont particulières à chacun des règnes. La matière inanimée est mue par la puissance de l'*attraction*, qui est de deux sortes. Tantôt elle s'exerce sur de grandes masses et à des distances

éloignées, comme le soleil qui attire la lune et tous
les corps sublunaires vers son centre ; tantôt elle
s'opère sur les plus petites parties des corps à de
très faibles distances. La première est un phénomène général de toute substance matérielle ; c'est
la *pesanteur* ou l'*attraction planétaire*. La seconde est un phénomène particulier à chaque
substance, et qui agit d'après des lois spéciales ;
c'est l'*affinité chimique* ou l'*attraction moléculaire*. L'une appartient à tous les corps de la nature
en général, l'autre est seulement appropriée à chaque genre déterminé de matières brutes, indépendamment de la force précédente. Ainsi, dans un
métal, une pierre, un fossile quelconque, il y a
deux ordres d'attraction : Celle par laquelle ces
corps gravitent vers le centre de la terre ; c'est leur
force de pesanteur ; celle par laquelle ce métal,
cette pierre, ce fossile, peuvent se combiner avec
certains corps, et refuser de s'unir à d'autres ; c'est
leur affinité chimique. Par exemple, le mercure
ou vif-argent s'amalgame bien avec l'or, et refuse
de s'allier au fer. L'huile et l'eau ne se mêlent point
immédiatement ensemble, tandis que l'huile s'unit
fort bien au suif, et l'eau avec le vin. Tous les corps
de la nature ont ainsi des amitiés et des inimitiés
particulières, c'est à dire des affinités déterminées.

Dans les corps organisés, nous observons de
même une force principale qu'on appelle la *vie*, et
qui doit se distinguer aussi en deux espèces. Pre-
mièrement, la vie générale des animaux et des

plantes, qui consiste dans l'organisation et la nutrition intérieure. Secondement, la vie particulière, qui est celle des individus, soit végétaux, soit animaux; elle consiste dans les fonctions appropriées à chaque espèce, comme la faculté de sentir, de se mouvoir, l'instinct, le sommeil, les habitudes, les besoins, les époques de leur durée et celle de leur mort. La vie générale correspond, dans les corps organisés, à l'attraction planétaire dans la matière inanimée; et la vie particulière des premiers, à l'affinité moléculaire ou chimique de cette dernière. La force vitale est, pour l'organisation, ce que la pesanteur est pour la matière; et les attractions chimiques sont pour les différents genres de substances, ce que la vitalité individuelle est à chaque espèce de corps organisés.

De même que l'attraction chimique et moléculaire paraît émaner de l'attraction universelle et planétaire, ainsi la vie individuelle prend sa source dans le grand réservoir de la vie générale organique.

Tout *organe* est destiné à une fin, ou plutôt c'est pour parvenir à ses fins que la nature a créé des *organes*, comme l'ouvrier qui prépare un instrument pour venir à bout de son ouvrage. L'*organe* est ainsi un instrument de la vie, soit végétale, soit animale.

Il y a des êtres vivants qui semblent dépourvus de tout *organe*, comme les polypes d'eau douce cependant ils en ont; leurs filaments ou tentacules sont des *organes*, des bras flexibles avec lesquels ils atteignent leurs aliments; leur estomac ou sac digestif est un *organe*, et quoique leur corps semble n'être composé que d'un mucilage transparent, quoiqu'on n'y découvre, au microscope même, ni

vaisseaux, ni fibres, ni nerfs, ni os, cependant ces animaux peuvent se nourrir, se mouvoir à volonté; ils ont donc des *organes*, mais leur diaphanéité les empêche d'être aperçus.

Comment trouverez-vous des *organes* dans la

truffe qui est un végétal vivant? Sans contredit
elle en a. Voyez ses fibres, les mailles et les nombreux canaux de son tissu, les pores par lesquels
elle pompe dans la terre le suc qui la nourrit; considérez sa peau rugueuse et les grains rougeâtres
qui parsèment sa substance intérieure, ceux-ci sont
les rudiments, les graines d'autant de petites tru-
ffes qui ont été organisées par la truffe-mère, qui
reçoivent d'elle la vie, l'aliment, l'accroissement.
Comment pourrait-elle se nourrir, s'assimiler des
corps étrangers, sans avoir des *organes* pour remplir toutes ces fonctions? Il est donc incontestable
que la truffe, comme l'arbre, le polype comme
l'homme, sont organisés relativement au genre de
vie qui leur est assigné par la nature.

La pierre la mieux configurée, la matière flexible
de l'*amiante*, de l'*asbeste*, disposée en fibres paral-
lèles, n'est pas organisée, car toutes ces formes
n'ont pas de fonction déterminée, d'usage particulier; cette matière ne peut pas transformer en sa
propre nature des corps étrangers; elle ne vit pas,
ne se nourrit pas; elle n'a aucun accroissement
proprement dit; mais elle peut être augmentée par
l'accession ou l'agrégation extérieure d'une matière
quelconque. Des naturalistes ont donc eu tort de
regarder la pierre fibreuse comme un passage, un
échelon qui rapproche le règne minéral des corps
organisés. Il y a une barrière insurmontable qui
les séparera toujours. La matière fait ici un saut,
et lorsqu'on a dit qu'elle n'en faisait aucun, qu'elle

passait d'un être à un autre par des nuances successives et imperceptibles, cette vérité, si bien
démontrée de nos jours, n'existe que dans chacun
des deux règnes qui la partagent. Par exemple, il
y a une chaîne non interrompue depuis le premier
des animaux jusqu'à la dernière des plantes. Ensuite il existe une interruption marquée pour entrer
de là dans le règne minéral ; mais on trouve dans
celui-ci une autre chaîne de gradations successives,
qui ne sont cependant pas aussi bien prononcées
que dans le règne des corps organisés.

Quelle est cette puissance inconnue dans son
essence, qui organise, qui meut, qui répare et per-
pétue les innombrables créatures qui peuplent la
terre et qui embellissent les différents domaines
de la nature? C'est la *vie*, cet être fugitif que nous
n'apercevons que dans ses effets, que nous ne
pouvons pas imiter, qui fuit sous le scalpel curieux,
et qui échappe même à l'œil attentif de la pensée.
Ici cesse l'empire de la matière : ici le naturaliste
qui contemple la structure des productions organisées, qui rassemble leurs cadavres immobiles
dans son cabinet ou son herbier, qui ne voit rien
que des figures inanimées, des débris que le temps
dissout lentement, ne peut admirer les causes profondes qui ont été les semences de leur *vie*, de
leur organisation, de leurs habitudes, et de tout ce
qui les distingue des masses informes de la terre.
Ce n'est point l'étude de la conformation bizarre de
certains animaux, des formes multipliées des

plantes, ni même ces brillantes apparences des êtres créés, qui fait la véritable science; c'est la connaissance de la *vie* et des mœurs, des allures, des mouvements, de la nutrition et des diverses fonctions des productions organisées, qui est la véritable base de l'histoire naturelle. Voilà la science sublime qui ne s'apprend ni dans les cabinets et les magasins où sont entassés des êtres morts, dégradés, insensibles, ni même dans les livres; voilà celle qui charme le contemplateur, de la plus pure et de la plus douce volupté qui puisse entrer dans le cœur de l'homme simple. Qu'importent ces brillants amas de cadavres empaillés, ces postures forcées, cette froide et insignifiante immobilité qu'on va visiter dans les Musées? Ce n'est pas ainsi qu'est la nature. Est-on bien avancé pour connaître la configuration extérieure d'un animal rare, d'une plante curieuse? Quel fruit, quelle conséquence en tirera-t-on? Comment devinerez-vous les usages merveilleux de cet organe grossier que vous daignez regarder à peine? Les reflets brillants des ailes d'un papillon, les vives couleurs d'un oiseau, l'émail des fleurs, éblouissent la vue sans pénétrer l'âme, sans la nourrir de ces grandes et ravissantes vérités qu'on trouve dans la contemplation des êtres vivants. C'est ici la seule étude digne d'une âme noble et sensée; c'est ainsi qu'il est beau de s'élever, par de hautes conceptions, aux mystères les plus profonds de la nature, et à cet Être des êtres dont la main toute puissante verse sur le monde des trésors inépuisables de *vie* et de perfection.

On ne peut pas refuser la prérogative de la *vie* aux plantes, car elles en ont une véritable, puisqu'elles sont organisées, qu'elles se nourrissent, s'accroissent, se perpétuent et meurent. Comment pourrait-on mourir, en effet, si l'on n'avait pas de *vie*?

Mais qu'est-ce que la *vie*? Quel est ce principe qui anime les êtres organisés? Est-ce une espèce d'âme? Oui, sans doute, la *vie* ou l'*âme physique* est la même chose dans la plante comme dans l'animal. Le vulgaire se représente l'âme ou le principe vital du corps organisé sous la forme d'un corps, tandis que ce n'est en effet qu'un ensemble de fonctions et de forces. Dira-t-on, par exemple, que la force qui fait tomber cette pierre, est un corps particulier qui l'attire vers le centre de la terre? Non, ce n'est que l'action d'une loi de la nature. Il en est de même de la *vie;* elle n'est que le résultat des fonctions dont la nature a chargé chaque créature organisée.

Cependant, nous ne connaissons que le produit des fonctions vitales, sans pouvoir pénétrer l'essence même de la force qui les met en jeu, et cette force se mêle à toutes les actions des corps organisés, de telle sorte qu'elles en sont sans cesse modifiées. Bien différentes des matières brutes, les productions animées suivent des lois particulières de mouvement, et leur état n'est jamais invariable et régulier comme dans les premières. Tant qu'un être vit, il marche sans cesse vers sa destruction ; il s'accroît, il diminue, il se nourrit, se répare, se renouvelle et périt. Il change sans cesser d'être le même, et cette *vie* qui le maintient, qui le conserve, finit et l'abandonne à la mort. A peine la *vie* a-t-elle quitté le corps, que celui-ci se corrompt, se putréfie, se sépare en molécules qui vont nourrir de nouveaux corps vivants. C'est ainsi que la matière organisée circule d'êtres en êtres ; qu'après avoir servi à un principe vital, elle retourne à un autre, et passe incessamment de la mort à la *vie*. Nous sommes donc des foyers, des centres momentanés de matière organique, des ombres passagères, des figures fugitives d'un même moule ; nous rassemblons un instant des molécules organisées pour les disperser ensuite, et la nature immobile et éternelle nous voit passer comme ces nuages légers que les vents transportent au loin dans le vague des airs, tantôt rassemblés, et bientôt écartés pour toujours.

La *vie* peut être passive et cachée dans un être, par exemple dans les graines des plantes, avant leur germination, dans les œufs des oiseaux, des reptiles, des insectes, dans la plante et l'animal engourdis par le froid de l'hiver. Alors il n'existe pas de mouvement sensible ; il y a une interruption, un sommeil profond ; l'organisation n'est point altérée ; c'est, pour ainsi dire, une horloge dont le ressort n'est pas tendu, mais qui peut se remonter d'elle-même dans des circonstances favorables.

Au contraire, la *vie* active déploie sans relâche tous ses ressorts ; elle met en jeu les solides et les fluides qui composent tout corps organisé. Ceux-ci n'entrent en mouvement que par l'action des solides qui reçoivent plus immédiatement l'impulsion vitale ; car la *vie* exige un mouvement continuel, soit de réparation, soit de destruction. Pour cet objet, il y a des humeurs qui sont les agents perpétuels de ces deux grandes fonctions organiques. Les premières réparent les organes qui se détruisent, et les secondes rejettent, repoussent au-dehors les molécules usées des organes. Les unes sont donc des ministres de *vie*, et les autres des ministres de *mort*.

Les humeurs vivifiantes possèdent nécessairement les éléments de la *vie*. Comment le sang qui renouvelle des organes vieillis, qui ranime les membres mourants, n'aurait-il pas des germes de *vie ?* Tout est animé dans un corps plein de *vie ;* chaque partie est douée de sa portion d'âme pour exécuter ses fonctions ; chacune forme un enchaînement, un système dépendant de l'ensemble ; chaque organe a sa vitalité propre, sa nutrition, son assimilation, subordonnées au tout, comme dans un état bien constitué chaque homme a ses droits propres, mais unis aux droits communs de la nation, et les uns ne peuvent exister indépendamment des autres.

Les humeurs inanimées d'un corps animé sont

incessamment rejetées au-dehors, comme le mucus du nez, l'urine dans les animaux, et la transpiration par les feuilles, les écorces, les glandes dans les plantes. Ce qui est inanimé ne reste point dans le système vivant : la *vie* est incompatible avec la *mort.*

En général, la *vie* éprouve de continuelles variations. Elle en a trois générales : la première est la jeunesse, pendant laquelle elle est faible, mais augmente chaque jour ; la deuxième est l'âge fait, qui est le temps de la plus grande activité vitale ; et la troisième est l'état de vieillesse, qui est un affaiblissement graduel de la *vie.* Ces variations existent successivement dans tous les corps organisés ; mais il en est d'autres purement individuelles qui dépendent du sexe, des tempéraments ou constitutions, et des maladies. Tous ces changements dans la force et la durée de la *vie,* n'empêchent jamais l'action des causes générales qui font vivre et mourir toute créature animée.

On peut partager la *vie* des êtres organisés suivant la généralité des fonctions qu'elle exerce. C'est ainsi que plus une fonction vitale sera répandue dans le système des corps animés, plus elle sera essentielle et fondamentale pour leur existence. Il est évident, par exemple, que la *vie intellectuelle* n'est pas indispensable aux êtres organisés, puisqu'il n'y a que l'homme qui en soit pourvu. Tout le reste des productions animées qui en est privé, n'en existe pas moins parfaitement, et les hommes idiots n'ont pas une force vitale moins énergique que les hommes du plus grand génie et de la plus sublime raison.

De même la *vie sensitive animale* n'est pas essentiellement nécessaire aux êtres, puisque les plantes vivent sans en être douées, et les animaux eux-mêmes ne jouissent de cette *vie sensitive* que par intervalles. C'est ainsi que l'animal qui dort n'a plus la *vie sensitive;* il ne jouit pas actuellement de sa sensibilité, il n'a plus de relations avec les êtres qui l'entourent, il ne sent plus. La sensation n'est donc pas l'essence de la *vie fondamentale* et *universelle.*

Quelle est donc cette *vie primitive?* C'est la *vie* de *végétation;* la seule qui préside à l'organisation, à l'assimilation, à la perpétuité des espèces. En effet, toute plante, tout animal, quels qu'ils soient, tout être organisé enfin jouit de cette *vie végétative,* et en exerce toutes les fonctions. Depuis l'homme jusqu'au polype, depuis l'arbre jusqu'à la moisissure, tout est rempli de ce principe vital qui suffit pour organiser, accroître et renouveler les êtres.

Mais comment un corps pourvu d'organes si ingénieusement conformés, serait-il le résultat du hasard aveugle et de la désorganisation? Comment la *vie,* l'instinct, le sentiment, sortiraient-ils du sein de la mort? Il suffit de dire ici que les insectes qu'on voit éclore dans la viande pourrie, le fromage, sont produits par les œufs des mouches déposés par elles dans ces matières, afin que le ver ou larve qui sort de ces œufs y trouve son aliment, et puisse enfin se transformer en mouche semblable à celle qui l'a produite.

Cependant cette *vitalité organisatrice* ne peut demeurer inactive ; elle a besoin d'organiser. Il est donc nécessaire qu'un nouveau genre de fonctions lui apporte des corps étrangers, pour les assimiler à la nature de chaque organe ; c'est l'ouvrage de la *vie nutritive* qui est toujours simultanée à la *vie primitive,* qui la soutient constamment, et qui semble n'en être qu'une dépendance, une véritable émanation. Cette *vie nutritive* choisit les substances capables d'alimenter, c'est à dire susceptibles de s'organiser, et rejette toutes les autres. Ce choix est l'une des plus admirables facultés de l'être vivant ; car la plante sait, de même que l'animal, prendre ce qui lui convient, et rejeter ce qui lui est nuisible. Par exemple, ses racines ne pompent point certaines liqueurs dans lesquelles on les trempe, tandis qu'elles sucent avidement des sucs plus appropriés à leur nature, ou riches en molécules nutritives ; il serait impossible de rendre raison de cette prédilection inconnue, par des causes purement mécaniques ; on est donc forcé de recourir à la puissance de l'instinct, qui n'est autre chose qu'une sorte de *faim* dirigée et éclairée par l'organisation.

Après cette *vie* universelle et fondamentale, existent des *vies* sur-ajoutées qui sont seulement par-

tielles dans le système des corps organisés, et qui
n'ont même qu'une durée intermittente et des
forces irrégulières. Ces *vies* plus extérieures et
moins radicales ne se trouvent dans aucun des
végétaux, mais elles sont uniquement affectées aux
animaux, et servent de caractères pour séparer ces
deux grandes branches des êtres organisés; ce
sont donc des *vies* seulement animales. En effet,
nous avons nommé *vie végétative* la *vie* radicale
de toute organisation divisée en deux fonctions qui
se trouvent dans chaque être vivant sans exception;
nous appellerons *vie sensitive* celle qui distingue
les corps des animaux, parce que, si la première
sert à faire végéter ou organiser les êtres, la seconde est uniquement destinée à leur donner la
sensibilité, caractère principal du règne animal.

La *vie sensitive* ou *animale* est ainsi celle qui
donne aux êtres la perception des objets qui les environnent, qui produit chez eux les phénomènes du
mouvement, et par conséquent de la volonté; car il
est évident que pour agir ou se mouvoir, il faut
vouloir quelque chose. Or, pour vouloir, il faut nécessairement connaître, et il n'y a point de connaissance sans la perception ; mais cette dernière est le
seul résultat de la sensibilité. On aperçoit donc ici
la chaîne de gradation qui lie tous ces objets à
l'action de la *vie sensitive* ou *nerveuse*. Ce sont en
effet les nerfs seuls qui sont le fondement de cette
vie, aussi se trouvent-ils uniquement dans le règne
animal. La *vie sensitive* a ses moments d'interrup-

.tion et de repos ; elle n'est pas toujours en action
comme la *vie végétative*, mais elle se lasse et s'use,
de manière qu'elle a besoin d'un temps d'inaction
pour se réparer, sans que la *vie végétative* cesse
ses fonctions. Voilà la cause du sommeil et du repos
des animaux. Leur *vie sensitive* dort et se répare.

Puis vient le domaine de la raison ou la *vie intellectuelle* qui tire notre existence du simple rang
de la brute, pour la rendre en quelque manière
rivale de la nature, digne d'admirer, de comprendre ses et les merveilles du Créateur ?

Mais existe-il une ligne de démarcation nette-
ment tracée par la nature, entre les corps organisés
et les substances minérales ? M. de Saussure a
observé sur le Mont-Blanc une singulière substance
minérale, et il ne put s'empêcher d'attacher une
idée de *végétation* à la manière dont cette substance
s'était formée sur les rochers, et qui *semblait
croître sur la pierre comme une herbe fine*. On
eût dit un *gazon minéral*. L'immortel Tournefort
attacha la même idée aux *stalagmites* de la fameuse
grotte d'Antiparos. Le *flos-ferri* des Pyrénées présente des rameaux couverts de piquants. Il y a bien
l'*animal-plante* (polype); et s'il y a le *végéto-mi-
néral*, ceci prouverait qu'il n'y a pas la moindre
solution de continuité dans la chaîne éternelle qui
lie tous les êtres et que leurs perpétuelles métamorphoses font partie intégrante du plan providen-
tiel de la création.

Limoges — Imp. Marc Barbou et C°

www.ingramcontent.com/pod-product-compliance
Lightning Source LLC
Chambersburg PA
CBHW071647200326
41519CB00012BA/2432